Mathematik für Ökonomen

Von
Dr. Bernd Leiner
Professor für Statistik
an der
Universität Heidelberg

R. Oldenbourg Verlag München Wien

Bibliografische Information Der Deutschen Bibliothek

Die Deutsche Bibliothek verzeichnet diese Publikation in der Deutschen Nationalbibliografie; detaillierte bibliografische Daten sind im Internet über <http://dnb.ddb.de> abrufbar.

© 2003 Oldenbourg Wissenschaftsverlag GmbH
Rosenheimer Straße 145, D-81671 München
Telefon: (089) 45051-0
www.oldenbourg-verlag.de

Das Werk einschließlich aller Abbildungen ist urheberrechtlich geschützt. Jede Verwertung außerhalb der Grenzen des Urheberrechtsgesetzes ist ohne Zustimmung des Verlages unzulässig und strafbar. Das gilt insbesondere für Vervielfältigungen, Übersetzungen, Mikroverfilmungen und die Einspeicherung und Bearbeitung in elektronischen Systemen.

Gedruckt auf säure- und chlorfreiem Papier
Druck: Grafik + Druck, München
Bindung: R. Oldenbourg Graphische Betriebe Binderei GmbH

ISBN 3-486-27304-3

Inhaltsverzeichnis

Seite

Vorwort.. 1

1. Kapitel: Matrizenrechnung.. 2

1.1. Einführung... 2
1.2. Spezielle Matrizen.. 4
1.3. Grundbegriffe... 8
1.4. Matrizenoperationen... 12

2. Kapitel: Lineare Gleichungssysteme.. 28

2.1. Vorstellung des Modells... 28
2.2. Lösung des Modells mit der Inversen... 30
2.3. Die Gaußsche Elimination.. 31
2.4. Die Cramersche Regel.. 35
2.5. Lösbarkeitskriterien.. 38

3. Kapitel: Lineare Optimierung... 44

3.1. Ein Maximierungsproblem... 44
3.2. Ein Produktionsbeispiel.. 45
3.3. Algebraische Lösung.. 48
3.4. Ein Minimierungsproblem.. 55
3.5. Ökonomische Anwendungen.. 56

4. Kapitel: Differentialrechnung... 57

4.1. Differentiation von Funktionen einer Variablen.................................... 57
4.2. Differentiation von Funktionen mehrerer Variablen............................. 79

5. Kapitel: Finanzmathematik... 84

5.1. Folgen und Reihen.. 84
5.2. Zinseszinsrechnung... 89
5.3. Stetige Verzinsung.. 90
5.4. Rentenrechnung.. 93
5.5. Tilgungsrechnung.. 95

Seite

6. Kapitel: Kombinatorik... 99

6.1. Binomischer Koeffizient.. 99
6.2. Permutationen und Kombinationen.. 100

Anhang.. 103

A1. Summationszeichen... 103
A2. Bestimmtes Integral... 105
A3. Mengenlehre.. 108
A4. Übungsaufgaben.. 112
A5. Lösung der Übungsaufgaben... 115

Literaturverzeichnis... 118

Sachverzeichnis.. 119

Vorwort

In dieser Darstellung möchte der Autor die für das Grundstudium in den Wirtschaftswissenschaften relevanten Teile der Mathematik aus seiner Sicht als Anwender vermitteln. Adressaten sind Studierende an Berufsakademien in wirtschaftswissenschaftlichen Fachrichtungen ebenso wie Studierende der Wirtschaftswissenschaften an den Universitäten. Die insbesondere mit Studierenden der Wirtschaftsinformatik gewonnene Lehrerfahrung ermutigt zu einer Präsentation, die auch unter Wahrung des erforderlichen Niveaus das Gewicht mehr auf die Anwendung als auf die abgehobene theoretisierende Verarbeitung des Ausbildungsstoffes legt. Grundlegende mathematische Exkurse aus statistischen Veranstaltungen des Hauptstudiums an der Universität Heidelberg sind eingearbeitet, wie überhaupt die heutige Statistik ohne mathematische Grundlagen nicht vorstellbar ist.

Dieses Buch kann somit als Abrundung und Ergänzung der Monographien des Autors verstanden werden, die im R. Oldenbourg Verlag erschienen sind und nicht nur unter seinen Zuhörern Verbreitung gefunden haben.

Die Mathematik selbst kann man beschreiben als eine Wissenschaft, die sich mit den Zahlen und den mit diesen gebildeten Strukturen auseinandersetzt, wobei Logik und Mengenlehre sowie Abbildungen zum Einsatz kommen.

Die Mathematik bedient sich hierbei oft der Abstraktion, d.h. reale Probleme und ihre Hintergründe können zu methodischen Zusammenhängen verselbständigt werden.

Üblicherweise wird die Mathematik unterteilt in die *reine Mathematik* und die *angewandte Mathematik*. Zur reinen Mathematik zählen die Bereiche der Algebra, Analysis, Numerik, Geometrie sowie Topologie. Zur angewandten Mathematik zählen im wesentlichen die Wissenschaften Physik, Chemie, Astronomie, Statistik und die Wirtschaftswissenschaften.

1. Kapitel: Matrizenrechnung

1.1. Einführung

Heiner Rathgeb hat nach seinem Diplom eine Stelle als Produktmanager in einem Maschinenbaukonzern angetreten. Hier ist er mit dem Vertrieb von 5 Produkten betraut. Diese Produkte sind in einer internen Produktklassifikation mit Zahlen versehen, die ihre numerische Identifikation erlauben. Wir übertragen der Einfachheit halber diese Zahlen auf die natürlichen Zahlen von 1 bis 5. Die verkauften Mengen dieser 5 Produkte wollen wir mit x_i bezeichnen mit dem Index i = 1, 2, ..., 5. In dem betrachteten Monat ergibt sich für Herrn Rathgeb folgendes Bild

$$x_1 = 100$$
$$x_2 = 75$$
$$x_3 = 126$$
$$x_4 = 24$$
$$x_5 = 83 \ .$$

Vom 1. Produkt sind also 100 Stück verkauft worden und vom 5. Produkt 83 Stück. Der Index i der natürlichen Zahl der verkauften Menge x_i zeigt also, um welches Produkt es sich handelt.

Wir ordnen nun diese Angaben in einem Zeilenvektor x an:

$$x = [x_1 \ x_2 \ x_3 \ x_4 \ x_5 \ ]$$

Mit den Verkaufsangaben läßt sich der Zeilenvektor x füllen mit

$$x = [100 \ 75 \ 126 \ 24 \ 83].$$

Die Zahl an 4. Position im Zeilenvektor x der Verkaufsmengen verrät Herrn Rathgeb also, daß in diesem Monat von Produkt 4 genau 24 Einheiten verkauft wurden.

Allgemein ist der Zeilenvektor x definiert als

(1.1) $$x = [x_1 \ x_2 \ ... \ x_n \ ]$$

wobei n als die Länge (Anzahl der Elemente) des Zeilenvektors bezeichnet wird.

Die bisherigen Angaben lassen sich auch spaltenmäßig anordnen. Allgemein ist ein <u>Spaltenvektor</u> x´ definiert als

(1.2) $$x' = \begin{bmatrix} x_1 \\ x_2 \\ . \\ . \\ . \\ x_n \end{bmatrix}.$$

Die Form der Anordnungen in Zeilen- oder Spaltenvektoren wird später für die Berechnungen von Bedeutung sein, die Information ist prinzipiell identisch.

Herr Rathgeb hat mittlerweile gerade die Informationen über die Verkaufszahlen seiner 5 Produkte für den nächsten Monat erhalten, d.h. sein Zeilenvektor enthält nun die neuen Zahlen. Sie seien

$$x = [110 \quad 88 \quad 113 \quad 35 \quad 94].$$

Unser Produktmanager möchte nun die Zahlen so darstellen, daß er die Verteilung der Verkaufszahlen der 5 Produkte in den beiden Monaten auf einen Blick erkennen kann.

Hierzu verwendet er die <u>Matrix</u> X mit

$$X = \begin{bmatrix} 100 & 75 & 126 & 24 & 83 \\ 110 & 88 & 113 & 35 & 94 \end{bmatrix}.$$

Die Matrix X besteht aus zwei Zeilen und 5 Spalten. In der 1. Zeile stehen die Verkaufszahlen des 1. Monats und in der 2. Zeile stehen die Verkaufszahlen für den 2. Monat. In der 1. Spalte erkennt man die Verkaufszahlen des 1. Produkts, in der 5. Spalte die des 5. Produkts. An Position 2, 3 (d.h. 2. Zeile, 3. Spalte) steht also die Zahl 113, die erkennen läßt, daß im 2. Monat vom 3. Produkt 113 Einheiten verkauft wurden, also 13 weniger als im Vormonat. Dem Leser wird empfohlen, sich mit dieser Sichtweise schon früh vertraut zu machen und zu seiner Übung die Werte anderer Positionen zu bestimmen.

Mathematisch läßt sich eine Matrix X definieren als eine rechteckige Anordnung von Zahlen.

Während man für Vektoren Kleinbuchstaben verwendet, bezeichnet man Matrizen mit Großbuchstaben. Heiner Rathgeb erkennt, daß er für jede Tabelle eine Matrix konstruieren kann.

Unser Produktmanager kann also die Verkaufszahlen von n Produkten in m Monaten allgemein darstellen mit der Matrix

$$(1.3) \quad X = \begin{bmatrix} x_{11} & x_{12} & \ldots & x_{1n} \\ x_{21} & x_{22} & \ldots & x_{2n} \\ . & . & & . \\ . & . & & . \\ . & . & & . \\ x_{m1} & x_{m2} & \ldots & x_{mn} \end{bmatrix}$$

Mit der <u>Ordnung</u> der Matrix X bezeichnet man die Anzahl der Zeilen und die Anzahl der Spalten. Die hier vorgestellte Matrix X ist von der Ordnung m × n (sprich: m Kreuz n), denn sie verfügt über m Zeilen und n Spalten. Aus dem Doppelindex des letzten Elements in der Südostecke der Matrix erkennt man somit deren Ordnung. Bei der Angabe der Ordnung einer Matrix ist darauf zu achten, daß die Anzahl der Zeilen vor der Anzahl der Spalten genannt wird. Die zuerst von Herrn Rathgeb gebildete Matrix war somit von der Ordnung 2 × 5 und nicht etwa 5 × 2.

Im nächsten Abschnitt soll gezeigt werden, welche spezielle Formen von Matrizen sich bilden lassen.

1.2. Spezielle Matrizen

1.2.1. Die quadratische Matrix

Eine Matrix heißt <u>quadratisch</u>, wenn ihre Anzahl der Zeilen mit der Anzahl der Spalten übereinstimmt.

Die Matrix

$$(1.4) \quad Y = \begin{bmatrix} y_{11} & y_{12} & \ldots & y_{1n} \\ y_{21} & y_{22} & \ldots & y_{2n} \\ . & . & & . \\ . & . & & . \\ . & . & & . \\ y_{n1} & y_{n2} & \ldots & y_{nn} \end{bmatrix}$$

ist eine quadratische Matrix der Ordnung n × n, was man zur Ordnung n verkürzt. Die Diagonale, bestehend aus den Elementen y_{11}, y_{22} ..., y_{nn}, bezeichnet man als <u>Hauptdiagonale</u> der Matrix Y. Sie enthält also die Elemente, deren Zeilenindex mit dem Spaltenindex übereinstimmt.

1.2.2. Die symmetrische Matrix

Eine quadratische Matrix Y heißt symmetrisch, wenn eine Vertauschung der Doppelindizes denselben Wert ergibt, d.h.

$$y_{ij} = y_{ji} \text{ für } i, j, = 1, ..., n.$$

Beispiel:
$$Y = \begin{bmatrix} 5 & 2 & 1 \\ 2 & 4 & 7 \\ 1 & 7 & 3 \end{bmatrix}.$$

Ein praktisches Beispiel liefert etwa eine Entfernungstabelle. Die Entfernungen in km der Städte Saarbrücken (SB), Heidelberg (HD) und Stuttgart (S) lassen sich angeben mit

von \ nach	SB	HD	S
SB	0	160	260
HD	160	0	100
S	260	100	0

Da die Entfernung von A nach B mit der von B nach A übereinstimmt, ist dies ein Beispiel für eine natürliche Symmetrie.

1.2.3. Die Dreiecksmatrix

Eine quadratische Matrix Y heißt <u>Dreiecksmatrix</u>, wenn entweder alle Werte oberhalb der Hauptdiagonalen (oberes Dreieck) oder unterhalb der Hauptdiagonalen (unteres Dreieck) gleich Null sind, d.h. wenn

$$y_{ij} = 0 \ \forall j > i \text{ (oberes Dreieck)}$$

bzw.

$$y_{ij} = 0 \ \forall i > j \text{ (unteres Dreieck)}$$

(das Symbol ∀ bedeutet „für alle"). Beispiele hierzu:

$$A = \begin{bmatrix} 9 & 0 & 0 \\ 5 & 3 & 0 \\ 4 & 2 & 6 \end{bmatrix}$$

$$B = \begin{bmatrix} 7 & -3 \\ 0 & 2 \end{bmatrix}.$$

Dreiecksmatrizen können zur rekursiven Lösung von Gleichungssystemen eingesetzt werden.

1.2.4. Die Diagonalmatrix

Eine <u>Diagonalmatrix</u> Y ist eine quadratische Matrix, für die nur die Werte auf der Hauptdiagonalen von Null verschieden sind, d.h.

$$y_{ij} = 0 \ \forall \ i \neq j.$$

Beispiel:

$$C = \begin{bmatrix} 7 & 0 & 0 \\ 0 & 3 & 0 \\ 0 & 0 & 2 \end{bmatrix}.$$

1.2.5. Die Einheitsmatrix

Eine <u>Einheitsmatrix</u> läßt sich definieren als eine quadratische Matrix, deren Hauptdiagonalelemente gleich 1 sind, während alle anderen Elemente gleich Null sind.

Es ist üblich, für Einheitsmatrizen das Symbol I (von: identity matrix) zu verwenden und als Index die Ordnung anzugeben.

Beispiele:

(1.5) $\qquad I_2 = \begin{bmatrix} 1 & 0 \\ 0 & 1 \end{bmatrix}$

(1.6) $\qquad I_3 = \begin{bmatrix} 1 & 0 & 0 \\ 0 & 1 & 0 \\ 0 & 0 & 1 \end{bmatrix}.$

1.2.6. Die Nullmatrix

Eine Nullmatrix ist eine Matrix, die nur aus Nullen besteht. Somit läßt sich aus jeder beliebigen Matrix eine Nullmatrix bilden, indem man alle ihre Elemente auf Null setzt. Es ist üblich, die Ordnung zu indizieren.

Beispiel:

(1.7) $\quad \mathbf{0}_{2\times 4} = \begin{bmatrix} 0 & 0 & 0 & 0 \\ 0 & 0 & 0 & 0 \end{bmatrix}$.

1.2.7. Der Zeilenvektor

Ein Zeilenvektor mit n Elementen ist eine Matrix von der Ordnung $1 \times n$.

1.2.8. Der Spaltenvektor

Ein Spaltenvektor mit n Elementen ist eine Matrix von der Ordnung $n \times 1$.

1.2.9. Der Skalar

Eine einzelne reelle Zahl bildet einen Skalar. Ein Skalar ist eine Matrix, die nur aus einem Element besteht. Der Skalar hat die Ordnung 1×1 oder kurz 1.

1.2.10. Die Skalarmatrix

Eine quadratische Matrix, deren Hauptdiagonalelemente identisch sind und deren anderen Elemente alle gleich Null sind, heißt Skalarmatrix.

Beispiel:

$$C = \begin{bmatrix} 5 & 0 & 0 \\ 0 & 5 & 0 \\ 0 & 0 & 5 \end{bmatrix}.$$

Somit ist eine Einheitsmatrix eine Skalarmatrix, deren Hauptdiagonalelemente alle gleich Eins sind.

Im nächsten Abschnitt sollen einige Grundbegriffe der Matrizenrechnung erläutert werden.

1.3. Grundbegriffe

1.3.1. Transponieren

Wie wir schon in Abschnitt 1.1. gesehen haben, läßt sich aus jedem Zeilenvektor ein Spaltenvektor bilden. Diesen Vorgang der Umordnung nennt man Transponieren.

Das <u>Transponieren</u> einer Matrix der Ordnung m × n bewirkt, daß aus der i-ten Zeile (i = 1, ..., m) eine i-te Spalte wird.

Damit wird aus einer (n × m) - Matrix X mit den Elementen

$$(1.8) \quad X = \begin{bmatrix} x_{11} & x_{12} & \dots & x_{1n} \\ x_{21} & x_{22} & \dots & x_{2n} \\ . & . & & . \\ . & . & & . \\ . & . & & . \\ x_{m1} & x_{m2} & \dots & x_{mn} \end{bmatrix}$$

eine (m × n) - Matrix X' mit den Elementen der Matrix X an den neuen Positionen:

$$(1.9) \quad X' = \begin{bmatrix} x_{11} & x_{21} & \dots & x_{m1} \\ x_{12} & x_{22} & \dots & x_{m2} \\ . & . & & . \\ . & . & & . \\ . & . & & . \\ x_{1n} & x_{2n} & \dots & x_{mn} \end{bmatrix} .$$

Zu beachten ist, daß in (1.9) die Ordnung von X' nicht aus dem alten Element x_{mn} aus der Matrix X in der Südostecke von X' abzulesen ist, da dieses jetzt in der n-ten Zeile und der m-ten Spalte von X' zu finden ist.

Die transponierte Matrix erkennt man am Apostroph wie X' oder am Symbol T wie etwa X^T. Ein Spaltenvektor x' bzw. x^T ist also ein transponierter Zeilenvektor x.

Ein Beispiel möge die Zusammenhänge verdeutlichen:

$$U = \begin{bmatrix} 1 & 2 & 3 \\ 4 & 5 & 6 \end{bmatrix} \quad U' = \begin{bmatrix} 1 & 4 \\ 2 & 5 \\ 3 & 6 \end{bmatrix}.$$

Aus einer Matrix der Ordnung 2 × 3 wurde eine Matrix der Ordnung 3 × 2. Das Element 6, das in der Matrix U in der Südostecke an der Position 2, 3 stand, steht jetzt in der Südostecke der Matrix U' an der Position 3, 2.

Für eine symmetrische Matrix Y gilt

(1.10) $\quad Y = Y'$.

Stimmt also eine quadratische Matrix mit ihrer Transponierten überein, so ist sie symmetrisch. Man betrachte hierzu nochmals das Beispiel in 1.2.2.

1.3.2. Die Determinante

Eine erste Rechenoperation, die wir mit einer quadratischen Matrix durchführen können, ist die Bestimmung der Determinanten dieser Matrix. Wie wir später sehen werden, werden Determinanten zur Berechnung der Inversen einer Matrix benötigt.

1.3.2.1. Matrizen 2. Ordnung

Für die <u>Matrix zweiter Ordnung</u> mit den Elementen

(1.11) $\quad X = \begin{bmatrix} x_{11} & x_{12} \\ x_{21} & x_{22} \end{bmatrix}$

lautet die <u>Determinante</u>

(1.12) $\quad \det X = x_{11} \cdot x_{22} - x_{12} \cdot x_{21}$.

Wir bemerken, dass die Determinante einer Matrix 2. Ordnung berechnet wird als das Produkt der Hauptdiagonalelemente, vermindert um das Produkt der Elemente der anderen Diagonale (die man auch als Nebendiagonale bezeichnet) dieser quadratischen Matrix. Die Determinante ist somit eine vereinbarte Rechenvorschrift, deren Nutzen wir erst später richtig beurteilen können. Ein Beispiel möge zunächst das Vorgehen veranschaulichen.

Beispiel:

Sei $X = \begin{bmatrix} 5 & 3 \\ 2 & 4 \end{bmatrix}$,

so erhalten wir als Wert der Determinanten von X

$$\det X = 5 \cdot 4 - 3 \cdot 2 = 20 - 6 = 14.$$

Wir bemerken weiter, daß die Determinante der Einheitsmatrix der Ordnung 2 (siehe (1.5)) den Wert Eins ergibt, d.h.

$$\det I_2 = 1.$$

Etwas komplizierter ist die Berechnung der Determinanten von Matrizen dritter Ordnung.

1.3.2.2. Matrizen 3. Ordnung

<u>Regel von Sarrus:</u> Für eine Matrix X dritter Ordnung mit den Elementen

(1.13) $\qquad X = \begin{bmatrix} x_{11} & x_{12} & x_{13} \\ x_{21} & x_{22} & x_{23} \\ x_{31} & x_{32} & x_{33} \end{bmatrix}$

lautet die Determinante

(1.14) $\qquad \det X = x_{11} \cdot x_{22} \cdot x_{33} + x_{12} \cdot x_{23} \cdot x_{31} + x_{13} \cdot x_{21} \cdot x_{32}$
$\qquad \qquad \qquad - x_{13} \cdot x_{22} \cdot x_{31} - x_{11} \cdot x_{23} \cdot x_{32} - x_{12} \cdot x_{21} \cdot x_{33}.$

Wir bemerken zunächst einmal, daß sechs Produkte von je drei Elementen der Matrix gebildet werden, wobei die ersten drei Produkte ein positives und die letzten drei Produkte ein negatives Vorzeichen erhalten.

Wir wollen das Vorgehen der Regel von Sarrus an einem Beispiel veranschaulichen.

Beispiel:

$$X = \begin{bmatrix} 1 & 2 & 3 \\ 2 & 3 & 1 \\ 1 & 3 & 2 \end{bmatrix} \begin{matrix} 1 & 2 \\ 2 & 3 \\ 1 & 3 \end{matrix}$$

Wir haben die Elemente der 1. und der 2. Spalte der Matrix als Hilfsspalten nochmals hinter der Matrix X eingetragen. Wir beginnen in der Nordwestecke und multiplizieren die drei Hauptdiagonalelemente in südöstlicher Richtung. Entsprechend beginnen wir an der Position 1, 2 (1. Zeile, 2. Spalte) und multiplizieren die drei nächsten Elemente parallel zur Hauptdiagonalen, also auch in südöstlicher Richtung. Das dritte Produkt erhalten wir, ausgehend von der Position 1, 3 (1. Zeile, 3. Spalte) als nächste Parallele zur Hauptdiagonalen in südöstlicher Richtung.

Das vierte Produkt von (1.14) erhalten wir, wenn wir das Produkt der Nebendiagonalelemente der Matrix (1.13) bilden, wobei die Nebendiagonale von rechts oben nach links unten verläuft, also in südwestlicher Richtung. Nach rechts fortschreitend bilden wir sodann, ebenfalls in südwestlicher Richtung, die beiden letzten Produkte mit negativem Vorzeichen.

Im Beispiel erhalten wir

$$\det X = 1 \cdot 3 \cdot 2 + 2 \cdot 1 \cdot 1 + 3 \cdot 2 \cdot 3$$
$$- \ 3 \cdot 3 \cdot 1 - 1 \cdot 1 \cdot 3 - 2 \cdot 2 \cdot 2$$

$$= 6 + 2 + 18$$
$$- \ 9 - 3 - 8$$

$$= 6 \ .$$

Wir bemerken, dass die Determinante der Einheitsmatrix der Ordnung 3 den Wert 1 ergibt, da nach der Regel von Sarrus entsprechend (1.14) nur im Produkt der Hauptdiagonalelemente keine Faktoren Null vorkommen, d.h.

$$\det I_3 = 1.$$

Zur Übung verwende man die Einheitsmatrix (1.6) und bilde auch hier die beiden Hilfsspalten.

Auf die Berechnung von Determinanten für Matrizen höherer als 3. Ordnung werden wir später eingehen. Hier soll jedoch bereits darauf hingewiesen werden, daß in den für die Berechnung von Determinanten verwendeten Produkten (in (1.12) wie in (1.14)) auffällig ist, daß in den Doppelindizes der erste Index in aufsteigender Reihenfolge vorkommt, weil man durchgängig ab der ersten Zeile entwickelt. Auch beim zweiten Index (für die jeweilige Spalte) sind alle Werte vertreten, allerdings in unterschiedlicher Reihenfolge, was, wie wir später sehen werden, zu den unterschiedlichen Vorzeichen führt.

1.4. Matrizenoperationen

Wir kommen nun zur Matrizenrechnung im engeren Sinne, d.h. wir werden sehen, wie man die Rechenoperationen Addition, Subtraktion und Multiplikation auf Matrizen (d.h. auf die in ihnen enthaltenen größeren Zahlenmengen) anwenden kann. Um die Darstellung einfach zu halten, beginnen wir bei der Betrachtung der jeweiligen Rechenoperation mit Vektoren als degenerierten Matrizen. Anstelle der Division werden wir sodann die Inversion von Matrizen betrachten.

1.4.1. Vektoraddition und –subtraktion

Herr Rathgeb, den wir in Abschnitt 1.1. kennengelernt haben, möchte für seine 5 Produkte die Summe der jeweiligen Umsätze in den beiden betrachteten Monaten bilden. Als Summe der beiden Spaltenvektoren, in die wir seine Angaben füllen, erhält er

$$\begin{bmatrix} 100 \\ 75 \\ 126 \\ 24 \\ 83 \end{bmatrix} + \begin{bmatrix} 110 \\ 88 \\ 113 \\ 35 \\ 94 \end{bmatrix} = \begin{bmatrix} 210 \\ 163 \\ 239 \\ 59 \\ 177 \end{bmatrix}.$$

Er kann aus dem Summenvektor etwa an der 4. Position ablesen, daß von dem 4. Produkt in den beiden Monaten zusammen 59 Einheiten verkauft worden sind.

Allgemein läßt sich die Summe s von zwei Spaltenvektoren mit je n Elementen bilden mit

$$(1.15) \qquad s = x + y = \begin{bmatrix} x_1 \\ x_2 \\ . \\ . \\ . \\ x_n \end{bmatrix} + \begin{bmatrix} y_1 \\ y_2 \\ . \\ . \\ . \\ y_n \end{bmatrix} = \begin{bmatrix} x_1 + y_1 \\ x_2 + y_2 \\ . \\ . \\ . \\ x_n + y_n \end{bmatrix}.$$

Alle Vektoren in (1.15) sind von der Ordnung $n \times 1$. s ist hierbei ein Summenvektor, für dessen typisches Element s_i mit $i = 1, 2, ..., n$ gilt, dass

$$(1.16) \qquad s_i = x_i + y_i \quad \text{für } i = 1, 2, ..., n,$$

wenn x_i bzw. y_i die typischen Elemente der Vektoren x und y sind. Die Vektorsumme wird also gebildet, indem die Elemente der beteiligten Vektoren an übereinstimmenden Positionen addiert werden. Dies setzt voraus, daß beide

Vektoren von gleicher Länge sind, d.h. die gleiche Anzahl von Elementen aufweisen. Die Übereinstimmung der Ordnungen der beteiligten Vektoren ist also unabdingbare Voraussetzung der Vektoraddition.

Für m Monate läßt sich die Vektoradditon erweitern als Summe von n Spaltenvektoren, die wir jetzt mit x_1, x_2, ..., x_m bezeichnen (wobei jeder dieser Vektoren die Angaben über n Produkte des betreffenden Monats enthält):

(1.17) $\qquad s = x_1 + x_2 + ... + x_m$.

Heiner Rathgeb gibt zu bedenken, daß es durchaus möglich ist, daß in einem neuen Monat ein sechstes Produkt zu den von ihm bisher fünf betreuten Produkten hinzukommt. Eine Vektoraddition ist dann möglich, wenn die Länge der Vektoren früherer Monate um eins erhöht wird und an der Position, wo in den Vektoren der sechs Produkte hinfort das neue Produkt auftritt, in den alten Vektoren eine Null eingesetzt wird. So ist es möglich, die Grundvoraussetzung, dass nur Vektoren gleicher Ordnung addiert werden können, einzuhalten. Eine andere Form der Addition ist nicht definiert.

Entsprechend lassen sich Zeilenvektoren addieren mit

(1.18) $x' + y' = [x_1 \; x_2 \; ... \; x_n] + [y_1 \; y_2 \; ... \; y_n] = [x_1+y_1 \; x_2+y_2 \; ... \; x_n+y_n]$.

Hier sind alle Vektoren von der Ordnung $1 \times n$.

Heiner Rathgeb erkennt, daß eine Addition von einem Zeilenvektor mit einem Spaltenvektor auch bei gleicher Anzahl von Elementen nicht definiert ist. Damit die Addition hier definiert ist, sollte einer der beteiligten Vektoren zuerst transponiert werden, damit er die gleiche Ordnung wie der andere Vektor aufweist.

Wie die Vektoraddition ist die Vektorsubtraktion elementweise definiert, d.h. für das typische Element des Differenzvektors d, der sich aus den Vektoren x und y gleicher Ordnung bilden läßt mit

(1.19) $\qquad d = x - y$

gilt

(1.20) $\qquad d_i = x_i - y_i \quad$ für $i = 1, ..., n$,

wobei wieder x_i das typische Element des Vektors x und y_i das typische Element des Vektors y sein sollen.

Als Beispiel betrachtet Heiner Rathgeb nun die Differenz der Verkaufszahlen seiner 5 Produkte und erhält, wenn er diesmal mit Zeilenvektoren arbeitet,

$$d = [100 \quad 75 \quad 126 \quad 24 \quad 83] - [110 \quad 88 \quad 113 \quad 35 \quad 94]$$

$$= [-10 \quad -13 \quad 13 \quad -11 \quad -11] \,.$$

Man erkennt, daß vom 3. Produkt 13 Einheiten weniger im zweiten Monat verkauft worden sind als im Vormonat, während alle anderen Zahlen des 2. Vektors größer sind als die entsprechenden Zahlen des 1. Vektors, der für den Vormonat steht.

Zu beachten ist, daß die Vektordifferenz (wie auch die Differenz reeller Zahlen) nicht kommutativ ist, d.h. dass es auf die Reihenfolge der Vektoren ankommt. Wie man mit (1.19) sieht, ergibt sich

$$y - x = -d \,,$$

was man am letzten Beispiel von Heiner Rathgeb ausprobieren kann, wenn man die beiden Zeilenvektoren vertauscht, was bedeutet, daß man von den Verkaufszahlen des 2. Monats die des ersten Monats subtrahiert und dann den Zeilenvektor [10 13 −13 11 11] als Ergebnis erhält.

1.4.2. Matrizenaddition und −subtraktion

Wie wir schon für die Vektoraddition festgehalten haben, ist auch für die Matrizenaddition zunächst sicherzustellen, daß die beiden zu addierenden Matrizen von gleicher Ordnung sind.

Zur Veranschaulichung stellen wir uns wieder vor, daß ein Produktmanager n Produkte betreut und ihm Verkaufszahlen für m Monate vorliegen, was er in einer Matrix X von der Ordnung m × n übersichtlich anordnen kann. Erweitern wir jetzt dieses Beispiel, indem wir annehmen, daß die Matrix X diese Angaben für einen Sortimenter mit Filiale in Ort A enthält. Die Matrix Y von gleicher Ordnung m × n enthalte die Verkaufszahlen für die gleichen n Produkte in den gleichen m Monaten des Sortimenters mit einer weiteren Filiale in Ort B, die der in Ort A zum Verwechseln ähnlich aussieht. Will unser Produktmanager sehen, wie sich der Gesamtverkauf beider Filialen auf Produkte und Monate verteilt, bildet er die Summe der Matrizen X und Y.

Dies bedeutet im angegebenen Fall, dass die Summenmatrix $S = X + Y$ zu bilden ist mit

(1.21) $X + Y = \begin{bmatrix} x_{11} & \dots & x_{1n} \\ \vdots & & \vdots \\ x_{m1} & \dots & x_{mn} \end{bmatrix} + \begin{bmatrix} y_{11} & \dots & y_{1n} \\ \vdots & & \vdots \\ y_{m1} & \dots & y_{mn} \end{bmatrix} = \begin{bmatrix} x_{11}+y_{11} & \dots & x_{1n}+y_{1n} \\ \vdots & & \vdots \\ x_{m1}+y_{m1} & \dots & x_{mn}+y_{mn} \end{bmatrix}$.

Wir erkennen, daß Elemente der beteiligten Matrizen an identischen Positionen addiert werden. Sei s_{ij} mit $i = 1, ..., m$ und $j = 1, ..., n$ das typische Element der Summenmatrix $S = X + Y$, so gilt damit

(1.21) $s_{ij} = x_{ij} + y_{ij}$ für $i = 1, ..., m$ und $j = 1, ..., n$.

Das bedeutet im Beispiel, dass der Produktmanager die summierten Verkaufszahlen der beiden Filialen für das j-te Produkt im i-ten Monat aus s_{ij} ablesen kann.

Möchte er jedoch für alle n Produkte und m Monate feststellen, inwiefern die Filiale in Ort A mehr als die in Ort B verkauft hat für das j-te Produkt im i-ten Monat, so bildet er die Differenzmatrix $D = X - Y$, für deren typisches Element d_{ij} dann die Matrizensubtraktion definiert ist durch

(1.22) $d_{ij} = x_{ij} - y_{ij}$ für $i = 1, ..., m$ und $j = 1, ..., n$.

Entsprechend sind dann in (1.21) die Plus-Zeichen durch Minus-Zeichen zu substituieren, um $X - Y$ zu erhalten.

Da auch die Matrizensubtraktion nicht-kommutativ ist, kommt es auf die Reihenfolge der Matrizen an. Wie schon bei der Vektorsubtraktion bemerkt, hat auch hier die Ergebnismatrix $Y - X$ in allen Elementen ein anderes Vorzeichen als die Ergebnismatrix $X - Y$.

Zum Schluß sei noch bemerkt, dass die Addition einer Nullmatrix gleicher Ordnung zu einer Matrix X diese ebensowenig verändert, wie die Subtraktion dieser Nullmatrix von der Matrix X. Die Nullmatrix übernimmt in der Matrizenrechnung also die Aufgabe, die bei der Addition bzw. Subtraktion reeller Zahlen der Null zukommt.

1.4.3. Matrizenmultiplikation

Die Multiplikation von Matrizen stellt bereits höhere Anforderungen. Wir beginnen daher mit dem vergleichsweise einfachen Fall, dass das Produkt zweier Vektoren gebildet werden soll, was als Vorstufe der Matrizenmultiplikation angesehen werden kann.

1.4.3.1. Vektormultiplikation

Wie wir schon bei der Addition von Vektoren gesehen haben, ist zunächst auf die Einhaltung der notwendigen Ordnung zu achten, bevor die mathematischen Operationen beginnen können. So ist zunächst zu beachten, daß nur zwei Vektoren gleicher Länge, d.h. mit der gleichen Anzahl von Elementen miteinander multipliziert werden können. Als <u>inneres Produkt</u> bezeichnet man eine Vektormultiplikation, bei der ein Zeilenvektor mit einem nachfolgenden Spaltenvektor gleicher Länge multipliziert wird.

Das hier vorgestellte Produkt eines Zeilenvektors der Länge n (d.h. mit n Elementen) mit einem Spaltenvektor der gleichen Länge n kann ökonomisch dazu verwendet werden, um für n Produkte deren verkaufte Mengen mit den zugehörigen Preisen (in Euro) zu multiplizieren. Das Ergebnis dieser Multiplikation liefert den Wert (in Euro) der gesamten Verkäufe, formal einen Skalar, so daß das innere Produkt auch <u>Skalarprodukt</u> genannt wird.

Beispiel: Der Zeilenvektor m enthalte die Mengen von 3 verkauften Produkten,

$$m = [13 \quad 7 \quad 24]$$

deren Preise (6 Euro für das 1. Produkt, 5 Euro für das 2. Produkt und 8 Euro für das 3. Produkt) im Spaltenvektor p zu erkennen sind:

$$p = \begin{bmatrix} 6 \\ 5 \\ 8 \end{bmatrix}$$

Die Wertgröße W entspricht dann dem Vektorprodukt von m mit p, d.h.

$$\begin{aligned} W &= m \cdot p \\ &= 13 \cdot 6 + 7 \cdot 5 + 24 \cdot 8 \\ &= 78 + 35 + 192 \\ &= 305. \end{aligned}$$

Der Gesamtwert der Verkäufe der 3 Produkte beträgt also 305 Euro.

Aus der Perspektive der verwendeten Ordnungen erkennt man, daß aus

$$(1 \times 3)(3 \times 1) = (1 \times 1)$$

wird, d.h. ein Skalar der Ordnung 1 als Produkt dieser Multiplikation entsteht. Wir erkennen, daß die inneren Ordnungszahlen 3 übereinstimmen müssen, weil beide Vektoren die gleiche Anzahl 3 von Elementen besitzen. Weiter erkennen wir, daß sich die inneren Ordnungszahlen dann auf eine besondere Art herauskürzen, so daß nur die beiden Randangaben erhalten bleiben.

Mit dem Falkschen Schema lassen sich die Rechenvorgänge anschaulichen darstellen:

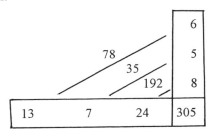

Abbildung 1: Falksches Schema für das Vektorprodukt

Man erkennt in Abbildung 1 die Zwischenprodukte, deren Summe das Endergebnis liefern.

Als äußeres Produkt bezeichnet man das Produkt eines Spaltenvektors mit einem Zeilenvektor gleicher Länge. Für n Elemente ergibt die Ordnungsbetrachtung, dass wegen

$$(n \times 1)(1 \times n) = (n \times n)$$

eine quadratische Matrix der Ordnung n entsteht. Wieder erkennen wir, dass sich die übereinstimmenden inneren Ordnungen herauskürzen. Das äußere Produkt, das auch als dyadisches Produkt bezeichnet wird, ist somit ein Vektorprodukt ganz anderer Art als das hier betrachtete Skalarprodukt. Da es nur in fortgeschrittenen Anwendungen verwendet wird, soll hier nicht weiter darauf eingegangen werden.

Nicht definiert ist das Produkt eines Zeilenvektors mit einem Zeilenvektor auch gleicher Länge, da (1×n)(1×n) keine übereinstimmende innere Ordnung aufweist. Ebenso ist das Produkt eines Spaltenvektors auch mit einem Spaltenvektor gleicher Länge nicht definiert wegen (n×1)(n×1).

Damit ist gerade für Anfänger wichtig festzuhalten, daß das innere Vektorprodukt, das am meisten Verwendung findet in der Matrizenrechnung, stets voraussetzt, dass ein Zeilenvektor mit einem nachfolgenden Spaltenvektor multipliziert wird, so dass man als Ergebnis den gewünschten Skalar erhält.

1.4.3.2. Produkt zweier Matrizen

Die Erweiterung der Vektormultiplikation liefert das Matrizenprodukt.

Im nächsten Beispiel stehen Heiner Rathgeb für 3 Güter die Preis- und Mengenangaben für zwei Monate zur Verfügung.

Beispiel: Die Mengenmatrix M enthalte zusätzlich zu den Mengenangaben aus dem letzten Beispiel (1. Monat in der ersten Zeile) in der zweiten Zeile die Mengenangaben der 3 Güter für den 2. Monat:

$$M = \begin{bmatrix} 13 & 7 & 24 \\ 15 & 9 & 26 \end{bmatrix}.$$

Weiter enthalte die Preismatrix P zusätzlich zu den Preisangaben aus dem letzten Beispiel (1. Monat in der 1. Spalte) in der zweiten Spalte die Preisangaben der 3 Produkte für den 2. Monat:

$$P = \begin{bmatrix} 6 & 7 \\ 5 & 6 \\ 8 & 8 \end{bmatrix},$$

wobei nur die Preise der ersten beiden Güter gestiegen sind, während der Preis des dritten Gutes unverändert ist.

Als Matrizenprodukt erhalten wir

$$M \cdot P = \begin{bmatrix} 305 & 325 \\ 343 & 367 \end{bmatrix},$$

wobei Herr Rathgeb bemerkt, dass in der linken oberen Ecke (Position 1, 1) das

Ergebnis des vorigen Beispiels als Produkt der 1. Zeile von M mit der 1. Zeile von P steht.

Allgemein finden wir in der Position i, j der Produktmatrix das Ergebnis des Produkts der i-ten Zeile der ersten Matrix (M im Beispiel) mit der j-ten Spalte der zweiten Matrix (P im Beispiel).

Im Beispiel steht in der Produktmatrix der Wert von 367 für die Summe der Werte, die sich für die 3 Güter ergeben, wenn man die Mengen des zweiten Monats mit den Preisen des zweiten Monats multipliziert:

$$15 \cdot 7 + 9 \cdot 6 + 26 \cdot 8 = 105 + 54 + 208 = 367.$$

Dass es (wie in diesem Beispiel) ökonomisch auch einen Sinn ergibt, Mengen für n Güter durchgängig mit Preisen aus anderen Monaten zu multiplizieren, ist wesentlicher Bestandteil der Theorie der Preisindexzahlen, was hier nicht weiter verfolgt werden soll. Im Beispiel bedeutet dies jedenfalls, dass der Wert von 325 sich ergibt, wenn man für die 3 Güter die Mengen des 1. Monats mit den Preisen des 2. Monats multipliziert. Umgekehrt ergibt sich der Wert von 343, wenn man die Mengen des 2. Monats mit den Preisen des 1. Monats multipliziert. Der letztgenannte Wert steht für die ökonomische Fiktion, welcher Wert sich ergäbe, wenn man bei den Verkaufszahlen des 2. Monats davon ausgegangen wäre, daß die Preise des 1. Monats sich nicht verändert hätten.

1.4.3.3. Ordnungsbetrachtungen zur Matrizenmultiplikation

Das Produkt einer Matrix A der Ordnung l × m mit einer Matrix B der Ordnung m × n liefert eine Produktmatrix C der Ordnung l × n. Dies erkennt man mit

$$A_{(l \times m)} \cdot B_{(m \times n)} = C_{(l \times n)}$$

Wir bemerken, dass m, die Spaltenzahl der erstgenannten Matrix A, übereinstimmen muß mit der Zeilenzahl der zweitgenannten Matrix B. Die Ordnung der Produktmatrix C ergibt sich also aus der Zeilenzahl l der Matrix A und der Spaltenzahl der Matrix B. C hat also so viele Zeilen wie A und so viele Spalten wie B.

1.4.3.4. Das typische Element der Produktmatrix

Das typische Element der Produktmatrix C sei c_{ik} mit dem Zeilenindex $i = 1, ..., l$ und dem Spaltenindex $k = 1, ..., n$ (Man beachte die zuvor vereinbarte Ordnung der Matrix X) . Ein typisches Element einer Matrix steht somit stellvertretend für alle anderen Elemente dieser Matrix.

Ein besseres Verständnis für die Feinheiten der Matrizenmultiplikation erreicht man mit folgender Überlegung, die auch zur Erstellung von Computerprogrammen hilfreich ist:

Das typische Element c_{ik} (mit i = 1,..., l und k = 1, ..., n) der Produktmatrix C gewinnt man aus den typischen Elementen a_{ij} (mit i = 1, ..., l und j = 1, ..., m) der Matrix A und b_{jk} (mit j = 1, ..., m und k = 1, ..., n) der Matrix B mittels

(1.25) $$c_{ik} = \sum_{j=1}^{m} a_{ij} \cdot b_{jk} \quad \text{für } i = 1, ..., l \text{ und } k = 1, ..., n.$$

c_{ik} ist also das Vektorprodukt der i-ten Zeile aus der Matrix A, die die Elemente a_{i1} ... a_{ij} ... a_{im} enthält, mit der k-ten Spalte aus der Matrix B, die die Elemente b_{1k} ... b_{jk} ... b_{mk} enthält.

Das in der Nordwestecke von C befindliche Element (d.h. i=1 und k=1) c_{11} erhält man also durch

$$c_{11} = a_{11} \cdot b_{11} + a_{12} \cdot b_{21} + ... + a_{1m} \cdot b_{m1}$$

und entsprechend alle anderen Elemente von C.

1.4.3.5. Besonderheiten des Matrizenprodukts

Während das Produkt von Skalaren als gewöhnliches Produkt kommutativ ist, die Reihenfolge der Faktoren also beliebig ist, ist das Matrizenprodukt nichtkommutativ. Das bedeutet, daß beim Multiplizieren zweier Matrizen die Reihenfolge dieser Matrizen zu beachten ist. Wie wir schon im Rahmen der Ordnungsbetrachtungen gesehen haben, dürfen nicht Matrizen mit beliebiger Ordnung miteinander multipliziert werden. Aber selbst wenn die Ordnung zweier miteinander zu multiplizierenden Matrizen zufriedenstellend ist, wird das Ergebnis der Multiplikation ein anderes sein, wenn man die Reihenfolge der Matrizen vertauscht.

Seien X von der Ordnung m × n und Y von der Ordnung n × m zwei Matrizen, so ergibt X · Y eine andere Ergebnismatrix (diese ist von der Ordnung m) als Y · X (letztere ist von der Ordnung n).

Auch das Produkt zweier quadratischer Matrizen ergibt je nach Reihenfolge der Matrizen zwar wieder eine quadratische Matrix gleicher Ordnung aber mit unterschiedlichen Elementen, wie der Leser sich mit einem beliebigen Beispiel schon der Ordnung 2 klarmachen kann. Allerdings sind die nachfolgenden Regeln zu beachten.

1.4.3.6. Rechenregeln zur Matrizenmultiplikation

Regel 1: Multipliziert man eine Matrix X der Ordnung m × n mit einer Einheitsmatrix passender Ordnung (d.h. entweder von rechts mit I_n oder von links mit I_m), so erhält man als Ergebnismatrix wieder X.

Bemerkung: Die Einheitsmatrix übernimmt damit die Funktion, die dem Skalar 1 in der gewöhnlichen Multiplikation zukommt.

Regel 2: Für das Produkt einer Matrix A der Ordnung m × n mit einer Matrix B der Ordnung n × p gelangt man durch die Kombination der Operationen Matrizenprodukt mit Transponieren zum Ergebnis

(1.26) $$(A \cdot B)' = B' \cdot A',$$

was man wie folgt kommentieren kann: Die Transponierte eines Matrizenprodukts ist gleich dem Produkt der Transponierten der beteiligten Matrizen, wobei sich die Reihenfolge umkehrt.

Der Leser möge sich mit einer Ordnungsbetrachtung vergewissern, dass nur dies einen Sinn ergibt. Intuitiv kann der Zusammenhang durch ein selbstgewähltes einfaches numerische Beispiel erfaßt werden (Hinweis: Auf die für Multiplikationen von Matrizen zu achtenden Ordnungsvoraussetzungen ist natürlich auch hier zu achten, d.h. die Matrix A muß so viele Spalten enthalten wie B Zeilen). Der Beweis für die Gültigkeit von (1.26) ist für Anfänger eher mühsam (vgl. hierzu Oberhofer[1978, S. 50]).

1.4.4. Entwicklung der Determinante

Aufbauend auf Abschnitt 1.3.2. wollen uns nun mit der Gewinnung der Determinanten für Matrizen höherer Ordnung beschäftigen und betrachten zunächst eine Matrix 3. Ordnung. Streichen wir in dieser Matrix

$$X = \begin{bmatrix} x_{11} & x_{12} & x_{13} \\ x_{21} & x_{22} & x_{23} \\ x_{31} & x_{32} & x_{33} \end{bmatrix}$$

die Elemente der 1. Zeile und der 1. Spalte, so erhalten wir eine Untermatrix U_{11} der Ordnung 2, deren Determinante wir als Unterdeterminante bezeichnen.

Für letztere gilt dann

$$\det U_{11} = \begin{vmatrix} x_{22} & x_{23} \\ x_{32} & x_{33} \end{vmatrix} = x_{22} \cdot x_{33} + x_{23} \cdot x_{32} .$$

Allgemein erhalten wir durch Streichen der i-ten Zeile und der j-ten Spalte in der Matrix X die Untermatrix U_{ij}, aus der wir die Unterdeterminante det U_{ij} berechnen können. Naturgemäß ist die Untermatrix durch das Streichen je einer Zeile und Spalte stets eine Ordnung kleiner als die Ausgangsmatrix.

Der Leser wird bestätigen, daß wir aus unserer Matrix X durch Streichen der 1. Zeile und der 2. Spalte über die Untermatrix U_{12}

$$\det U_{12} = x_{21} \cdot x_{33} - x_{23} \cdot x_{31}$$

und durch Streichen der 1. Zeile und der 3. Spalte von X über die Untermatrix U_{13} auch

$$\det U_{13} = x_{21} \cdot x_{32} - x_{22} \cdot x_{31}$$

gewinnen.

Damit haben wir die Matrix X nach der 1. Zeile entwickelt und können zurückgreifen auf den Entwicklungssatz von Pierre Simon de Laplace.

<u>Satz (Laplace)</u>: Entwickelt man eine Matrix X der Ordnung 3 nach der 1. Zeile, so erhält man die Determinante von X durch

$$\det X = x_{11} \cdot \det U_{11} - x_{12} \cdot \det U_{12} + x_{13} \cdot \det U_{13} .$$

Setzen wir die soeben berechneten Werte der Unterdeterminanten ein und bilden die geforderten Produkte, so erhalten wir als Ergebnis (1.14), was die Regel von Sarrus bestätigt.

Zur Übung verwende der Leser das Beispiel für eine Matrix X der 3. Ordnung aus Abschnitt 1.3.2.2 und bestätige mit dem Entwicklungssatz von Laplace, dass det X = 6.

1.4.5. Die Adjunktenmatrix

Die Adjunktenmatrix ist ein wesentliches Hilfsmittel zur Berechnung der Inversen einer Matrix.

Zur Bildung der Adjunktenmatrix benötigt man die Kofaktoren.

<u>Definition:</u> Unter dem Kofaktor c_{ij} (i, j = 1, ..., n) des Elements x_{ij} einer Matrix X der Ordnung n versteht man die mit Vorzeichen versehene Unterdeterminante U_{ij}.

Wir betrachten eine Matrix X mit den Elementen

$$X = \begin{bmatrix} x_{11} & x_{12} \\ x_{21} & x_{22} \end{bmatrix}.$$

Wie schon zuvor beschrieben, wird die Unterdeterminate det U_{ij} gebildet, indem man die Determinante aus der Untermatrix berechnet, die durch Streichen der i-ten Zeile und der j-ten Spalte aus X hervorgeht. In unserem Fall mit n = 2 besteht jede der Untermatrizen aus nur einem Skalar. Die Determinante eines Skalars ist der Skalar selbst.

So erhalten wir als Kofaktor für das Element x_{11} den Kofaktor $c_{11} = x_{22}$, denn nach Streichen der ersten Zeile und der ersten Spalte von X bleibt nur x_{22} übrig mit dem Vorzeichen $(-1)^{1+1} = +1$. Durch entsprechende Überlegung gewinnen wir $c_{12} = -x_{21}$, $c_{21} = -x_{12}$ und $c_{22} = x_{11}$. Entsprechend ihrer Position lassen sich die einzelnen Kofaktoren zusammenfassen in der <u>Matrix der Kofaktoren</u>

$$X_K = \begin{bmatrix} c_{11} & c_{12} \\ c_{21} & c_{22} \end{bmatrix} = \begin{bmatrix} x_{22} & -x_{21} \\ -x_{12} & x_{11} \end{bmatrix}.$$

Durch Transponieren erhält man aus der Matrix der Kofaktoren die <u>Adjunktenmatrix</u> X_A.

In unserem Fall erhält man daher als Adjunktenmatrix

$$X_A = \begin{bmatrix} x_{22} & -x_{12} \\ -x_{21} & x_{11} \end{bmatrix}.$$

Man kann dieses Ergebnis für den Fall n = 2 wie folgt kommentieren: Im Vergleich zur Ausgangsmatrix X vertauschen in der Adjunktenmatrix die Hauptdiagonalelemente die Plätze, während die anderen Elemente zwar ihre Plätze behalten, jedoch ein anderes Vorzeichen erhalten.

Beispiel:
$$X = \begin{bmatrix} 1 & 2 \\ 3 & 4 \end{bmatrix} \quad X_A = \begin{bmatrix} 4 & -2 \\ -3 & 1 \end{bmatrix}.$$

Für n = 3 sind die Unterdeterminanten aus Untermatrizen der Ordnung 2 zu bilden.

Beispiel:
$$X = \begin{bmatrix} 1 & 2 & 3 \\ 2 & 3 & 1 \\ 1 & 3 & 2 \end{bmatrix}$$

$$X_K = \begin{bmatrix} 3 & -3 & 3 \\ 5 & -1 & -1 \\ -7 & 5 & -1 \end{bmatrix}$$

$$X_A = \begin{bmatrix} 3 & 5 & -7 \\ -3 & -1 & 5 \\ 3 & -1 & -1 \end{bmatrix}$$

So erkennt man, dass $U_{11} = 3 \cdot 2 - 1 \cdot 3 = 3$ ein positives Vorzeichen hat, während $U_{12} = 2 \cdot 2 - 1 \cdot 1 = 3$ wegen $(-1)^{1+2} = -1$ als -3 an Position 1, 2 von X_K erscheint.

Damit verfügen wir über alle Hilfsmittel für die letzte Matrizenoperation, die wir hier betrachten wollen, nämlich die Berechnung der Inversen einer Matrix X.

Während es wie bei dem Rechnen mit natürlichen Zahlen auch für Matrizen die wohldefinierten Rechenoperationen des Addierens, Subtrahierens und Multiplizierens gibt, übernimmt die Matrizeninversion die Aufgabe, die der Division natürlicher Zahlen zukommt, wenn man die Division der Zahl y durch die Zahl x als Multiplikation der Zahl y mit dem Kehrwert (der Inversen) der Zahl x versteht.

1.4.6. Berechnung der Inversen

Die Inverse einer quadratischen Matrix X wird berechnet mit

(1.27) $\qquad X^{-1} = \dfrac{1}{\det X} \cdot X_A \qquad$ für $\det X \neq 0$.

Bemerkung: Die Inverse ist also das Produkt des Kehrwerts der Determinanten mit der Adjunktenmatrix der Matrix X.

Weiterhin ist zu beachten, dass, da eine Division mit Null nicht möglich ist, die Inverse nur dann existiert, wenn die Matrix eine von Null verschiedene Determinante aufweist. Da der Kehrwert der Determinante wie diese ein Skalar ist, steht (1.27) für eine skalare Multiplikation der Adjunktenmatrix.

Für die Inverse X^{-1} einer Matrix X der Ordnung n ist erfüllt, dass

(1.28) $\qquad X^{-1} \cdot X = I_n$

und dass

(1.29) $\qquad X \cdot X^{-1} = I_n$,

d.h. dass es gleichgültig ist, ob man die Matrix X von links oder von rechts mit ihrer Inversen multpliziert: Ergebnis dieser Multiplikation ist in jedem Fall die Einheitsmatrix der Ordnung n.

Aufgrund der vorherigen Überlegungen erkennt der Leser, dass für eine Matrix X der Ordnung 2 sich als Inverse ergibt

(1.30) $\qquad X^{-1} = \dfrac{1}{x_{11} \cdot x_{22} - x_{12} \cdot x_{21}} \cdot \begin{bmatrix} x_{22} & -x_{12} \\ -x_{21} & x_{11} \end{bmatrix}.$

In unserem vorletzten Beispiel bedeutet dies, dass

$$X^{-1} = \begin{bmatrix} 2 & -1 \\ -5 & 3 \end{bmatrix},$$

da die Determinante von X den Wert 1 ergab und somit die Inverse hier gleich der Adjunktenmatrix ist.

Der Leser möge mit diesem Beispiel die Gültigkeit von (1.28) und (1.29) überprüfen (Er erhält eine Einheitsmatrix der Ordnung 2).

Im Beispiel für n =3 aus dem vorherigen Abschnitt 1.4.5 erkennt der Leser, dass die Inverse gleich der durch 6 dividierten angegebenen Adjunkten der Matrix ist, da der Wert der Determinanten von X gleich 6 war. Auch hier kann der Leser die Gültigkeit von (1.28) und (1.29) überprüfen und damit zugleich noch einmal die Multiplikation zweier Matrizen üben (Ergebnis ist eine Einheitsmatrix der Ordnung 3).

1.4.7. Eigenschaften der Inversen

Neben den Beziehungen (1.28) und (1.29) sind folgende Eigenschaften der Inverse von Interesse:

(1.31) $(X^{-1})^{-1} = X,$

d.h. dass die Inverse der Inversen wieder die Ausgangsmatrix herstellt.

Weiter gilt für die Kombination von Transponieren mit Invertieren, dass

(1.32) $(X')^{-1} = (X^{-1})',$

d.h. die Inverse einer Transponierten ist gleich der Transponierten der Inversen.

Für das Produkt zweier quadratische Matrizen X und Y, deren Inversen existieren, ist zu beachten, dass

(1.33) $(X \cdot Y)^{-1} = Y^{-1} \cdot X^{-1},$

d.h. die Inverse des Produkts entspricht dem Produkt der Inversen, wobei die umgekehrte Reihenfolge hervorzuheben ist.

Da die Determinante der Inversen ein Skalar ist, gilt

(1.34) $\det X^{-1} = \dfrac{1}{\det X},$

d.h. die Determinante der Inversen ist gleich dem Kehrwert der Determinanten der Ausgangsmatrix. Anders gewendet heißt das, dass das Produkt der beiden Determinanten den Wert 1 ergibt.

Bei dieser Gelegenheit ist noch auf einige Determinantenregeln hinzuweisen.

1.4.8. Eigenschaften von Determinanten

(1) Sind alle Elemente einer Zeile einer Matrix gleich Null, so ist der Wert der Determinanten der Matrix gleich Null.
Gleiches gilt für Spalten einer Matrix.

(2) Stimmen zwei Zeilen einer Matrix in allen Elementen überein, so ist der Wert der Determinanten der Matrix gleich Null.
Gleiches gilt für zwei Spalten einer Matrix.

(3) Ist eine Zeile einer Matrix das Vielfache einer anderen Zeile dieser Matrix, so ist der Wert der Determinanten gleich Null.
Gleiches gilt für zwei Spalten einer Matrix.

(4) Es gilt
$$\det(X') = \det X,$$
d.h. die Determinante der Tansponierten stimmt mit der Determinanten der Ausgangsmatrix überein.

(5) Für das Produkt zweier quadratischer Matrizen gleicher Ordnung gilt
$$\det(X \cdot Y) = (\det X) \cdot (\det Y),$$
d.h. die Determinante des Produkts dieser Matrizen ist gleich dem Produkt der Determinanten der Matrizen.

(6) Die Determinante eines Skalars ist gleich dem Skalar.

(7) Werden in einer Matrix zwei benachbarte Zeilen vertauscht, so ändert die Determinante ihr Vorzeichen (Beweis: Oberhofer [1978], S. 104-105).
Gleiches gilt für zwei benachbarte Spalten.

(8) Wird in einer Matrix von einer Zeile das k-fache einer anderen Zeile subtrahiert, so ändert sich die Determinante nicht (Beweis: Oberhofer [1978], S. 107. Man bezeichnet diesen Vorgang als elementare Zeilenoperation.
Gleiches gilt für zwei Spalten.

Der Leser wird ermuntert, sich die Gültigkeit dieser Rechenregeln durch einfache selbstgebildete Beispiele (im einfachsten Fall mit Matrizen 2. Ordnung) zu veranschaulichen. Wegen weiterer Eigenschaften der Determinanten sei verwiesen auf Aitken [1969].

2. Kapitel: Lineare Gleichungssysteme

2.1. Vorstellung des Modells

Die Anwendungsmöglichkeiten linearer Gleichungssysteme sind vielfältig. Wir betrachten folgendes Modell:

Wir gehen davon aus, dass beispielsweise der monatliche Gewinn eines Unternehmens – man bezeichnet ihn auch als die im Modell zu erklärende Variable oder endogene Variable – eine lineare Funktion von Einflußfaktoren sei. Derartige Einflußfaktoren – man bezeichnet sie auch als Erklärungsgrößen oder exogene Variablen – seien z.B. der Umsatz, die Ausgaben für die Werbung, der Wert des Lagerbestandes, die Anzahl der Beschäftigten, die Anzahl der verfügbaren Fahrzeuge des Fuhrparks usw.

Die folgende Gleichung möge diesen Zusammenhang darstellen:

(2.1) $\quad y_t = a_1 \cdot x_{t1} + a_2 \cdot x_{t2} + \ldots + a_m \cdot x_{tm} \quad$ für $t = 1, \ldots, T$.

Hierbei sind

$\quad$ m = Anzahl der Erklärungsgrößen
$\quad$ t = Zeitindex
$\quad$ T = Anzahl der Monate, für die Beobachtungswerte vorliegen
$\quad$ y_t = Beobachungswert der zu erklärenden Variablen (Gewinn) im Monat t
$\quad$ x_{t1} = Beobachtungswert der 1. Erklärungsgröße im t-ten Monat
$\quad$ x_{t2} = Beobachtungswert der 2. Erklärungsgröße im t-ten Monat
$\quad$ x_{tm} = Beobachtungswert der m-ten Erklärungsgröße im t-ten Monat
$\quad$ a_1 = Koeffizient der 1. Erklärungsgröße
$\quad$ a_2 = Koeffizient der 2. Erklärungsgröße
$\quad$ a_m = Koeffizient der m-ten Erklärungsgröße

Man beachte, dass die Koeffizienten, die man auch als Parameter bezeichnet, Konstanten sind, da sie keinen Zeitindex t tragen. Das Modell unterstellt also, dass sich zeitstabile Faktoren der Erklärungsgrößen finden lassen, die in allen Perioden Gültigkeit beanspruchen.

Für m=1 bedeutet dies, dass man glaubt, mit einer Erklärungsgröße auskommen zu können und etwa behauptet, der Gewinn sei das a_1 –fache des Umsatzes eines jeden Monats, entwickle sich also proportional zum Umsatz.

Dieses lineare Gleichungssystem besteht also aus T Gleichungen, die mit den Beobachtungswerten aus T Monaten für alle Variablen gefüllt werden.
Unsere Aufgabe ist es nun, dieses Gleichungssystem nach den unbekannten Koeffizienten zu lösen.

Da wir m Koeffizienten zu bestimmen haben, handelt es sich um ein Gleichungssystem mit T Gleichungen und m Unbekannten.

Für T < m ist das System nicht eindeutig lösbar. Wir haben zuwenig Beobachtungszeitpunkte, um eine angenommene Anzahl m von unbekannten Modellparametern zu bestimmen.

Für T > m liegen mehr Beobachtungszeitpunkte vor, als wir Modellparameter zu bestimmen haben. Das Modell kann dann einer statistischen Schätzung unterzogen werden.

Für T = m haben wir ein mathematisch exakt lösbares Modell vorliegen, das wir jetzt genauer untersuchen wollen. In dieser Form läßt sich das Gleichungssystem wie folgt darstellen:

(2.2)
$$\begin{aligned} y_1 &= a_1 \cdot x_{11} + a_2 \cdot x_{12} + \ldots + a_m \cdot x_{1m} \\ y_2 &= a_1 \cdot x_{21} + a_2 \cdot x_{22} + \ldots + a_m \cdot x_{2m} \\ &\vdots \\ y_m &= a_1 \cdot x_{m1} + a_2 \cdot x_{m2} + \ldots + a_m \cdot x_{mm} \,. \end{aligned}$$

In Matrizenschreibweise reduziert sich (2.2) auf

(2.3) $\qquad y = X \cdot a$

mit
$$y = \begin{bmatrix} y_1 \\ \vdots \\ y_m \end{bmatrix}, \quad X = \begin{bmatrix} x_{11} & \ldots & x_{1m} \\ \vdots & & \vdots \\ x_{m1} & \ldots & x_{mm} \end{bmatrix} \quad \text{und} \quad a = \begin{bmatrix} a_1 \\ \vdots \\ a_m \end{bmatrix}.$$

2.2. Lösung des Modells mit der Inversen

Wenn die Determinante der Matrix X von Null verschieden ist, existiert die Inverse X^{-1} und wir können Gleichung (2.2) von links mit der Inversen X^{-1} multiplizieren. Dadurch erhalten wir

$$X^{-1} \cdot y = X^{-1} \cdot X \cdot a$$

und wegen $X^{-1} \cdot X = I_m$ und weiter $I_m \cdot a = a$ gibt dann

(2.4) $\qquad a = X^{-1} \cdot y$

die Lösung des Gleichungssystems an.

Beispiel:

Für m = 2 gehen wir von folgendem Gleichungssystem mit zwei Gleichungen aus:

$$3 = a_1 \cdot 3 + a_2 \cdot 1$$
$$4 = a_1 \cdot 5 + a_2 \cdot 2 \quad .$$

Dies entspricht einem Spaltenvektor y mit den Elementen 3 und 4, einem Spaltenvektor a mit den Elementen a_1 und a_2 und der Matrix

$$X = \begin{bmatrix} 3 & 1 \\ 5 & 2 \end{bmatrix} .$$

Als Lösung im Sinne von Gleichung (2.4) erhalten wir mit der Inversen X^{-1}

$$a = \begin{bmatrix} 2 & -1 \\ -5 & 3 \end{bmatrix} \cdot \begin{bmatrix} 3 \\ 4 \end{bmatrix} = \begin{bmatrix} 2 \\ -3 \end{bmatrix} .$$

$a_1 = 2$ und $a_2 = -3$ sind also die Lösung unseres Gleichungssystems, wie man durch Einsetzen bestätigen kann.

2.3. Die Gaußsche Elimination

Die Gaußsche Elimination ist ein weiteres Verfahren zur Lösung eines Gleichungssystems.

2.3.1. Die Startmatrix

Wir bilden für den Gaußschen Algorithmus eine Startmatrix, in der wir neben der Ausgangsmatrix X der Ordnung m eine Einheitsmatrix gleicher Ordnung anfügen:

(2.5) $\qquad Z^{(0)} = (X \mid I_m)$.

Für m = 2 hat dann die Startmatrix folgendes Aussehen:

$$Z^{(0)} = \begin{bmatrix} x_{11} & x_{12} & 1 & 0 \\ x_{21} & x_{22} & 0 & 1 \end{bmatrix}.$$

2.3.2. Die Strategie

Die Strategie der Gaußschen Elimination besteht darin, dass man durch elementare Zeilenoperationen die Startmatrix so umformt, dass an der Stelle der Matrix X eine Einheitsmatrix gleicher Ordnung ensteht.

Eine *elementare Zeilenoperation erster Art* besteht darin, dass alle Elemente einer Zeile durch eine Konstante k dividiert werden.

Eine *elementare Zeilenoperation zweiter Art* besteht darin, dass man das k-fache einer Zeile von einer anderen Zeile subtrahiert.

Der Vorteil elementarer Zeilenoperationen ist darin zu sehen, dass nachfolgende Rechenschritte die Ergebnisse früherer Rechenschritte nicht aufheben können, so dass man sich sukzessiv der Lösung nähert.

2.3.3. Vorgehen

Die Einheitsmatrix wird elementweise hergestellt, beginnend mit dem Element in der Nordwestecke, das auf 1 gesetzt wird. Anschliessend werden alle Elemente der 1. Spalte auf Null gesetzt. Man bezeichnet diesen Vorgang als Ausräumen. Damit hat man den ersten Einheitsspaltenvektor der neuzubildenen Einheitsmatrix hergestellt.

Nun setzt man den Algorithmus fort, indem das 2. Hauptdiagonalelement der linken Matrix auf 1 gesetzt wird. Anschliessend räumt man die 2. Spalte aus. So erhält man den zweiten Einheitsspaltenvektor mit der 1 an zweiter Position.

Der Algorithmus wird in dieser Weise fortgesetzt, beginnend mit dem nächsten Hauptdiagonalelement, das auf 1 gesetzt wird und dem Ausräumen auch dieser Spalte, bis der letzte Einheitsvektor mit der 1 an letzter Position erstellt ist. Damit ist die aus diesen Einheitsvektoren konstruierte Einheitsmatrix fertiggestellt.

Nach m^2 Schritten hat die Ergebnismatrix $Z^{(E)}$ der Gaußschen Elimination folgendes Aussehen:

$$Z^{(E)} = (\,I_m\,\mid\,X^{-1}\,)\,,$$

denn die elementaren Zeilenoperationen haben bewirkt, dass aus der rechten Einheitsmatrix der Startmatrix sukzessive die Inverse hergestellt wurde.

Den Partitionierungsstrich kann man dabei so interpretieren, dass er die linken Teile der Gleichungen von den rechten trennt, also die Aufgabe des Gleichheitszeichens übernimmt. Der Leser mache sich klar, dass er, wenn er separat die partitionierten Teile der Startmatrix mit X^{-1} multipliziert, die partitionierten Teile der Ergebnismatrix erhält.

Mit einem Beispiel sieht man das deutlicher.

2.3.4. Beispiel

Für m = 2 sei die Ausgangsmatrix X des letzten Beispiels schon in die Startmatrix eingearbeitet:

$$Z^{(0)} = \begin{bmatrix} 3 & 1 & \mid & 1 & 0 \\ 5 & 2 & \mid & 0 & 1 \end{bmatrix}.$$

1. Schritt: Linkes oberes Diagonalelement von X auf 1 setzen

Wir erreichen das durch eine elementare Zeilenoperation erster Art, wenn wir alle Elemente der 1. Zeile durch 3 dividieren. Es entsteht

$$Z^{(1)} = \begin{bmatrix} 1 & 1/3 & \mid & 1/3 & 0 \\ 5 & 2 & \mid & 0 & 1 \end{bmatrix}.$$

Wir bemerken, dass es bei diesem Algorithmus üblich ist, dass man am Ende eines jeden Schrittes in der jeweiligen Z-Matrix auch die jeweils unveränderten Zeilen auflistet.

2. Schritt: Ausräumen der 1. Spalte

Wir erreichen das durch eine elementare Zeilenoperation zweiter Art, indem wir in $Z^{(1)}$ das 5-fache der 1. Zeile von der ausgewählten 2. Zeile subtrahieren. Es entsteht

$$Z^{(2)} = \begin{bmatrix} 1 & 1/3 & 1/3 & 0 \\ 0 & 1/3 & -5/3 & 1 \end{bmatrix}.$$

3. Schritt: Rechtes unteres Diagonalelement von X auf 1 setzen

Wieder verwenden wir eine elementare Zeilenoperation erster Art, indem wir alle Elemente der 2. Zeile mit 3 multiplizieren. Es entsteht

$$Z^{(3)} = \begin{bmatrix} 1 & 1/3 & 1/3 & 0 \\ 0 & 1 & -5 & 3 \end{bmatrix}.$$

4. Schritt: Ausräumen der 2. Spalte

Wir verwenden eine Zeilenoperation zweiter Art, wenn wir das 1/3-fache der 2. Zeile von der ausgewählten 1. Zeile subtrahieren. Es entsteht die Ergebnismatrix

$$Z^{(4)} = \begin{bmatrix} 1 & 0 & 2 & -1 \\ 0 & 1 & -5 & 3 \end{bmatrix}.$$

Durch Vergleich etwa mit dem Ergebnis nach Gleichung (1.30) kann sich der Leser überzeugen, dass wir rechts die Inverse erhalten haben.

2.3.5. Lösung eines Gleichungssystems

Mit der Gaußschen Elimination können wir direkt unser lineares Gleichungssystem

(2.3) $\quad X a = y$

lösen.

Hierzu bilden wir eine neue Startmatrix, in der wir neben der Ausgangsmatrix X der Ordnung m den Vektor y anfügen:

(2.6) $\quad Z^{(0)} = (\,X\;|\;y\,)$.

Wieder besteht die Strategie darin, dass man durch elementare Zeilenoperationen die Startmatrix so umformt, dass an der Stelle der Matrix X eine Einheitsmatrix gleicher Ordnung entsteht.

Da wir den Partitionierungsstrich als Gleichheitszeichen auffassen können, bewirken die elementaren Zeilenoperationen, dass dies der Multiplikation mit der Inversen X von links entspricht, die auf der linken Seite des Partitionierungsstrichs I_m im Sinne von (1.28) herstellt, während zugleich auf der rechten Seite des Partitionierungsstrichs die Lösung

(2.4) $\quad X^{-1}\,y = a$

hergestellt wird.

Beispiel:

Wir verwenden die Angaben des Beispiels aus Abschnitt 2.2. und erhalten aus

$$X = \begin{bmatrix} 3 & 1 \\ 5 & 2 \end{bmatrix} \quad \text{und} \quad y = \begin{bmatrix} 3 \\ 4 \end{bmatrix}$$

die Startmatrix

$$Z^{(0)} = \left[\begin{array}{cc|c} 3 & 1 & 3 \\ 5 & 2 & 4 \end{array}\right] .$$

1. Schritt: Linkes oberes Element von X auf 1 setzen.

Hierzu werden alle Elemente der 1. Zeile durch 3 dividiert. Es entsteht

$$Z^{(1)} = \left[\begin{array}{cc|c} 1 & 1/3 & 1 \\ 5 & 2 & 4 \end{array}\right] .$$

2. Schritt: Ausräumen der 1. Spalte

Dies erreichen wir, indem wir das 5-fache der 1. Zeile von der ausgewählten 2. Zeile subtrahieren. Es entsteht

$$Z^{(2)} = \begin{bmatrix} 1 & 1/3 & | & 1 \\ 0 & 1/3 & | & -1 \end{bmatrix}.$$

3. Schritt: Rechtes unteres Diagonalelement auf 1 setzen

Wir bewirken das, indem wir alle Elemente der 2. Zeile mit 3 multiplizieren. So entsteht

$$Z^{(3)} = \begin{bmatrix} 1 & 1/3 & | & 1 \\ 0 & 1 & | & -3 \end{bmatrix}.$$

4. Schritt: Ausräumen der 2. Spalte

Dazu subtrahieren wir das 1/3-fache der 2. Zeile von der ausgewählten 1. Zeile und erhalten die Ergebnismatrix

$$Z^{(4)} = \begin{bmatrix} 1 & 0 & | & 2 \\ 0 & 1 & | & -3 \end{bmatrix}.$$

Aus ihr ersehen wir rechts vom Partitionierungsstrich den Lösungsvektor a mit den Elementen $a_1 = 2$ und $a_2 = -3$.

2.4. Die Cramersche Regel

Gabriel Cramer, ein schweizer Mathematiker aus dem 18. Jahrhundert, hat ein Verfahren zur Lösung von Gleichungssystemen entwickelt, das mit den Determinanten arbeitet. Da diese Cramersche Regel nur die Koeffizientenstrukturen ausnutzt, ist der Schreibaufwand minimal.

Wieder ist das lineare Gleichungssystem

(2.3) $X a = y$

für ein Matrix X der Ordnung m zu lösen.

2. Lineare Gleichungssysteme

Das Vorgehen der Cramerschen Regel ist dreistufig:

1. Stufe: Man berechnet die Determinante der Matrix X.

2. Stufe: In der Matrix X ersetzt man die j-te Spalte (j = 1, ..., m) durch den Vektor y und berechnet sodann die Determinante dieser neugebildeten Matrix.

3. Stufe: Dies letztere Determinante dividiert man durch det X und erhält damit die j-te Komponente (j = 1, ..., m) des Lösungsvektors a.

Beispiele:

m = 2:

Wir verwenden das Beispiel von Abschnitt 2.2.5.

$$X = \begin{bmatrix} 3 & 1 \\ 5 & 2 \end{bmatrix} \quad \text{und} \quad y = \begin{bmatrix} 3 \\ 4 \end{bmatrix}$$

Als Lösung mit der Cramerschen Regel erhalten wir für j = 1 (die 1. Spalte von X wird durch y ersetzt):

$$a_1 = \frac{\begin{vmatrix} 3 & 1 \\ 4 & 2 \end{vmatrix}}{\begin{vmatrix} 3 & 1 \\ 4 & 2 \end{vmatrix}} = \frac{2}{1} = 2$$

und für j = 2 (die 2. Spalte von X wird durch y ersetzt):

$$a_2 = \frac{\begin{vmatrix} 3 & 3 \\ 5 & 4 \end{vmatrix}}{\begin{vmatrix} 3 & 1 \\ 4 & 2 \end{vmatrix}} = \frac{-3}{1} = -3 \;.$$

m = 3:

Es sei ein Gleichungssystem 3.Grades der Form

(2.3)   X a = y

zu lösen mit

$$X = \begin{bmatrix} 1 & 2 & 3 \\ 2 & 3 & 1 \\ 1 & 3 & 2 \end{bmatrix} \quad \text{und} \quad y = \begin{bmatrix} 4 \\ 5 \\ 6 \end{bmatrix}.$$

Mit der Cramerschen Regel erhalten wir (etwa mit der Regel von Sarrus) in der *1. Stufe* det X = 6.

In der *2. Stufe* erhalten wir für j =1 (die 1. Spalte von X wird durch y ersetzt):

$$\begin{vmatrix} 4 & 2 & 3 \\ 5 & 3 & 1 \\ 6 & 3 & 2 \end{vmatrix} = -5,$$

für j = 2 (die 2. Spalte von X wird durch y ersetzt):

$$\begin{vmatrix} 1 & 4 & 3 \\ 2 & 5 & 1 \\ 1 & 6 & 2 \end{vmatrix} = 13$$

und für j =3 (die 3. Spalte von X wird durch y ersetzt):

$$\begin{vmatrix} 1 & 2 & 4 \\ 2 & 3 & 5 \\ 1 & 3 & 6 \end{vmatrix} = 1,$$

mithin also a_1 = -5/6, a_2 = 13/6 und a_3 = 1/6 als Lösungen dieses Gleichungssystems dritter Ordnung.

Der Leser vergleiche die Effizienz dieses Verfahrens für m = 3 mit der der Gaußschen Elimination, in der die Ergebnismatrix mit diesen Lösungen erst nach 9 Schritten erreicht wird.

2.5. Lösbarkeitskriterien

Bevor man überlegt, mit welcher Methode ein Gleichungssystem gelöst werden soll, ist es zu empfehlen, dass Betrachtungen über die Lösbarkeit des Gleichungssystems angestellt werden. Hierzu sind einige Konzepte hilfreich, die nun vorgestellt werden sollen.

2.5.1. Die Linearkombination

Definition: Ein Vektor u ist eine *Linearkombination* der Vektoren gleicher Länge $v_1, v_2, ..., v_k$, wenn

(2.7) $$u = a_1 \cdot v_1 + a_2 \cdot v_2 + ... + a_k \cdot v_k$$

mit reellen Konstanten $a_1, a_2, ..., a_k$.

Beispiel 1:

Für

$$u = \begin{bmatrix} 5 \\ 7 \\ 8 \end{bmatrix}, \quad v_1 = \begin{bmatrix} 3 \\ 2 \\ 5 \end{bmatrix} \quad \text{und} \quad v_2 = \begin{bmatrix} 2 \\ 5 \\ 3 \end{bmatrix}$$

ergibt sich, dass u eine Linearkombination von v_1 und v_2 ist mit $a_1 = 1$ und $a_2 = 1$. Der Spaltenvektor u ist nämlich lediglich die vektorielle Summe der beiden anderen Spaltenvektoren.

Beispiel 2:

Für

$$u = \begin{bmatrix} -8 \\ 15 \\ -10 \end{bmatrix}, \quad v_1 = \begin{bmatrix} -2 \\ 3 \\ 0 \end{bmatrix} \quad \text{und} \quad v_2 = \begin{bmatrix} 1 \\ -3 \\ 5 \end{bmatrix}$$

ist u eine Linearkombination von v_1 und v_2 mit $a_1 = 3$ und $a_2 = -2$.

Der Leser überzeuge sich durch skalare Multiplikation von Spaltenvektor v_1 mit 3 und von Spaltenvektor v_2 mit -2 und anschliessendem Bilden der vektoriellen Summe.

Die Werte der Konstanten erhält man durch Lösen des Gleichungssystems (2.7) mit k = 3, wobei

$$-8 = -2a_1 + a_2$$
$$15 = 3a_1 - 3a_2$$
$$-10 = 5a_2$$

Die 3. Gleichung liefert sofort $a_2 = -2$, was man in die 1. Gleichung einsetzen kann, wonach man $a_1 = 3$ erhält.

Wir bemerken, dass diese Linearkombination eine gewogene Summe von Vektoren ist.

Bemerkung: Eine Linearkombination (2.7), die nur Konstanten a_j mit j = 1, ..., k verwendet, die allesamt gleich Null sind, bezeichnet man als *triviale Linearkombination*. Für eine triviale Linearkombination ist dann u ein Nullvektor.

2.5.2. Lineare Abhängigkeit

Definition: Die Vektoren $v_1, v_2, ..., v_k$ sind *linear abhängig*, wenn es reelle Konstanten $a_1, a_2, ..., a_k$ gibt, die nicht alle gleich Null sind, sodass

(2.8) $\quad a_1 \cdot v_1 + a_2 \cdot v_2 + ... + a_k \cdot v_k = 0$,

wobei **0** ein Nullvektor ist, der der Ordnung der Vektoren entspricht.

Beispiel 1:

Die Vektoren

$$v_1 = \begin{bmatrix} -8 \\ 15 \\ -10 \end{bmatrix}, \quad v_2 = \begin{bmatrix} -2 \\ 3 \\ 0 \end{bmatrix} \quad \text{und} \quad v_3 = \begin{bmatrix} 1 \\ -3 \\ 5 \end{bmatrix}$$

sind linear abhängig, denn mit $a_1 = -1$, $a_2 = 3$ und $a_3 = -2$ ist Gleichung (2.8) gegeben. Der aufmerksame Leser bemerkt in diesem Beispiel die Angaben von Beispiel 2 aus dem vorhergehenden Abschnitt. Hierbei bedeutet $a_1 = -1$, dass man nach v auflöst, so dass v_1 mit dem Vektor u aus jenem Beispiel verglichen werden kann.

Beispiel 2:

Die Vektoren

$$v_1 = \begin{bmatrix} -3/4 \\ 7 \end{bmatrix}, \quad v_2 = \begin{bmatrix} 2 \\ 3 \end{bmatrix} \quad \text{und } v_3 = \begin{bmatrix} -1 \\ 5 \end{bmatrix}$$

sind linear abhängig, denn mit $a_1 = 4$, $a_2 = -1$ und $a_3 = -5$ läßt sich der Nullvektor aus Gleichung (2.8) erzeugen. Hier wurde einmal mit $a_2 = -1$ nach v_2 aufgelöst.

Zur Bestimmung der Konstanten beachten wir, dass Gleichung (2.8) wegen $a_2 = -1$ entsprochen wird durch das Gleichungssystem

$$-3/4\, a_1 - 2 - a_3 = 0$$
$$7\, a_1 - 3 + 5\, a_3 = 0.$$

Auflösen der 1. Gleichung nach a_3 liefert

$$a_3 = -2 - 3/4\, a_1,$$

was wir in die 2. Gleichung einsetzen, sodass wir daraus $a_1 = 4$ gewinnen können und schließlich $a_3 = -2 - 3/4 \cdot 4 = -5$.

Zu beachten ist, dass bei linearer Abhängigkeit nach jedem beliebigen Vektor aufgelöst werden kann, d.h. dann ist einer der Vektoren eine Linearkombination der übrigen Vektoren.

Weiter ist zu bemerken, dass der in Gleichung (2.8) formulierten Bedingung, den Vektor **0** zu erzeugen, entsprochen werden kann, wenn einer der Vektoren $v_1, \ldots, v_k$ selbst ein Nullvektor ist. Wählt man als zugehörige Konstante zu diesem Nullvektor -1 aus und setzt alle restlichen Konstanten auf Null, so ergibt sich die in (2.8) geforderte Gleichheit. Ist also einer der Vektoren ein Nullvektor, so liegt damit lineare Abhängigkeit der Vektoren vor.

2.5.3. Lineare Unabhängigkeit

Definition: Gilt Gleichung (2.8) nur dann, wenn alle Konstanten a_j für $j = 1, \ldots, k$ gleich Null sind, so sind die Vektoren $v_1, v_2, \ldots, v_k$ *linear unabhängig*.

Bemerkung: Lineare Unabhängigkeit entspricht einer trivialen Linearkombination, d.h. der Vektor **0** auf der rechten Seite von Gleichung (2.8) läßt sich nur herstellen, wenn für die Konstanten gilt $a_j = 0$ für alle $j = 1, ..., k$.

Beispiel 1:

Die Einheitsvektoren, aus denen sich eine Einheitsmatrix herstellen läßt, sind linear unabhängig, so etwa für $m = 3$

$$v_1 = \begin{bmatrix} 1 \\ 0 \\ 0 \end{bmatrix} \quad v_2 = \begin{bmatrix} 0 \\ 1 \\ 0 \end{bmatrix} \quad v_3 = \begin{bmatrix} 0 \\ 0 \\ 1 \end{bmatrix} .$$

Der Leser überzeuge sich, dass nur eine triviale Linearkombination mit $a_1 = 0$, $a_2 = 0$ und $a_3 = 0$ die Gleichung (2.8) erfüllen kann.

Beispiel 2:

$$v_1 = \begin{bmatrix} 3 \\ 5 \end{bmatrix} \quad \text{und} \quad v_2 = \begin{bmatrix} 1 \\ 2 \end{bmatrix}$$

sind linear unabhängig, denn nach (2.8) muß folgendes Gleichungssystem vorliegen

$$\begin{aligned} 3a_1 + a_2 &= 0 \\ 5a_1 + 2a_2 &= 0 . \end{aligned}$$

Auflösen nach a liefert

in der 1. Gleichung: $a_2 = -3 a_1$
in der 2. Gleichung: $a_2 = -5/2 a_1$,

was nur für $a_1 = 0$ und $a_2 = 0$ lösbar ist, d.h. für eine triviale Linearkombination.

2.5.4. Der Rang einer Matrix

Definition: Der *Rang* einer Matrix ist die Maximalzahl der voneinander linear unabhängigen Zeilen (bzw. Spalten).

Man nennt die Maximalzahl der voneinander linear unabhängigen Zeilen einer Matrix ihren Zeilenrang und die Maximalzahl der linear unabhängigen Spalten ihren Spaltenrang. Zeilenrang und Spaltenrang einer Matrix sind stets identisch.

Es ist zu beachten, daß in einer rechteckigen Matrix X der Ordnung m × n mit m > n höchstens n voneinander linear unabhängige Zeilen (bzw. Spalten) existieren können. Ist m < n, so existieren höchstens m voneinander unabhängige Zeilen (bzw. Spalten). Die kleinere Zeilen- bzw. Spaltenanzahl bildet also stets die Obergrenze.

Nach Entfernen überflüssiger Zeilen bzw. Spalten entspricht also die Ordnung einer Matrix der einer quadratischen Matrix, die nur noch aus einer dem Rang entsprechenden Anzahl linear unabhängiger Zeilen (und damit zugleich unabhängiger Spalten) besteht.

Bemerkung: Eine quadratische Matrix X hat den *vollen Rang*, wenn ihr Rang mit ihrer Ordnung übereinstimmt.

Beispiel:

Die Matrix

$$X = \begin{bmatrix} 1 & 0 & 5 \\ 0 & 1 & 2 \end{bmatrix}$$

ist von der Ordnung 2 × 3. Wie der Leser nachprüfen kann, besitzt sie 2 linear unabhängige Zeilen und nur zwei linear unabhängige Spalten, weil eine der drei Spalten eine Linearkombination der beiden anderen Spalten ist. Durch Streichen einer der Spalten erhält man eine quadratische Matrix vom Rang 2.

2.5.5. Lösbarkeit

Ein lineares Gleichungssystem der Art

(2.3) $\quad X\,a = y$

ist *lösbar*, wenn die Inverse von X existiert.

Die Inverse X einer quadratischen Matrix X existiert, wenn X den vollen Rang hat.

Hat eine quadratische Matrix X den vollen Rang, so gilt

(2.9) $\quad \det X \neq 0.$

Gilt die Bedingung (2.9), so bezeichnet man die Matrix X als regulär. Eine Matrix mit verschwindender Determinante bezeichnet man als singulär.

Ergebnis dieser Betrachtungen ist, dass das Gleichungssystem (2.3) lösbar ist, wenn die Bedingung (2.9) zutrifft.

Für die Praxis bedeutet das, dass zu empfehlen ist, erst die Determinante der Matrix X aus dem Gleichungssystem (2.3) zu berechnen, bevor man sich für eine Lösungsmethode entscheidet. Sollte die Determinante der Matrix X den Wert Null ergeben, ist das Gleichungssystem (2.3) unlösbar. Auch hier erweist sich die Cramersche Regel der Gaußschen Elimination für m = 3 überlegen, da det X in der 1. Stufe bereits zu berechnen ist und sich für det X = 0 im Rechenprozeß weitere Stufen erübrigen.

3. Kapitel: Lineare Optimierung

Die Lineare Optimierung befaßt sich als Teilgebiet des Operations Research (in der deutschen Literatur als Unternehmensforschung bekannt) mit Funktionen, deren Extremwerte unter Nebenbedingungen betrachtet werden.

Wir beginnen mit der allgemeinen Formulierung eines Maximierungsproblems, das sodann durch ein selbst konstruiertes Beispiel veranschaulicht werden soll.

3.1. Ein Maximierungsproblem

3.1.1. Formulierung

3.1.1.1. Zielfunktion

Die zu optimierende Funktion bezeichnet man als Zielfunktion. In unserem Maximierungsproblem stellen wir uns vor, dass in einem Unternehmen der Gewinn G maximiert werden soll, dem eine Anzahl n von Einflußgrößen x_i (i = 1, ..., n) zugrundeliegen (etwa Personalbestand, Umsatz, Ausgaben für Werbung, Kosten für Fuhrpark, Lagerhaltung usw.).

Es wird davon ausgegangen, dass die Zielfunktion eine lineare Funktion der Einflußgrößen ist, sodass

(3.1) $\qquad G = g_1 \cdot x_1 + g_2 \cdot x_2 + ... + g_n \cdot x_n$,

wobei

x_i = i-te Einflußgröße (i = 1, ..., n)
g_i = Gewinnbeitrag der i-ten Einflußgröße.

Die g_i können als reelle Konstanten aufgefaßt werden, g_1 ist also der Faktor der ersten Einflußgröße, mit dem sich etwa feststellen läßt, um wieviel Euro sich der Gewinn verändert, wenn die erste Einflußgröße (z.B. der Personalbestand) um eine Einheit erhöht wird.

3.1.1.2. Nebenbedingungen

Zu jeder Zielfunktion existieren in einem linearen Programm Nebenbedingungen (Restriktionen) der Einflußgrößen, die ihrerseits lineare Funktionen sind. Die Nebenbedingungen können als Kapazitätsbeschränkungen aufgefaßt werden und liegen daher in Form von Ungleichungen vor. Dabei sei m die Anzahl der Nebenbedingungen, sodass

(3.2)
$$\alpha_{11} \cdot x_1 + \alpha_{12} \cdot x_2 + \ldots + \alpha_{1n} \cdot x_n \leq \beta_1$$
$$\alpha_{21} \cdot x_1 + \alpha_{22} \cdot x_2 + \ldots + \alpha_{2n} \cdot x_n \leq \beta_2$$
$$\vdots$$
$$\alpha_{m1} \cdot x_1 + \alpha_{m2} \cdot x_2 + \ldots + \alpha_{mn} \cdot x_n \leq \beta_m \ .$$

Während die β_i die Kapazitätsbeschränkungen der i-ten Nebenbedingungen in Form von Ungleichungen darstellen, stehen die α_{ij} dort als Koeffizienten der j-ten Einflußgröße (i = 1, ..., m; j = 1, ..., n).

3.1.1.3. Nichtnegativitätsbedingungen

Alle Einflußgrößen eines linearen Programms sind nichtnegativ, d.h.

(3.3) $\quad x_1 \geq 0, x_2 \geq 0, \ldots, x_n \geq 0$.

3.2. Ein Produktionsbeispiel

3.2.1. Formulierung

Ein Möbelhersteller stellt zwei Sorten von Vitrinen her. Vitrine A erbringt ihm pro hergestelltem Stück einen Gewinn von 100 Euro, die größere Vitrine B erbringt ihm pro hergestelltem Stück einen Gewinn von 250 Euro.

Mit n = 2 (Zweiproduktfall) erhalten wir durch (3.1) die *Zielfunktion*

$$G = 100 \, x_1 + 250 \, x_2 \, ,$$

wobei

x_1 = hergestellte Menge von Vitrine A
x_2 = hergestellt Menge von Vitrine B.

In der Glaserei des Möbelherstellers werden zur Herstellung einer Vitrine vom Typ A 3 Stunden, einer Vitrine vom Typ B 10 Stunden benötigt. Die Tageskapazität der Glaserei beträgt 240 Stunden (30 Arbeiter mit je 8 Stunden).

In der Schreinerei des Möbelherstellers werden zur Herstellung einer Vitrine vom Typ A 6 Stunden, einer Vitrine vom Typ B 12 Stunden benötigt. Die Tageskapazität der Schreinerei beträgt 360 Stunden (45 Arbeiter können 8 Stunden eingesetzt werden).

Mit diesen Angaben gestaltet sich das System der Nebenbedingungen (3.2) als

Glaserei: $\quad 3 x_1 + 10 x_2 \leq 240$

Schreinerei: $\quad 6 x_1 + 12 x_2 \leq 360$.

Die Nichtnegativitätsbedingungen

$$x_1 \leq 0 \text{ und } x_2 \leq 0$$

bedeuten, dass bei einer Stückzahl von 0 von der betreffenden Vitrine nichts hergestellt wird und somit negative Werte nicht auftreten können.

3.2.2. Heuristische Lösung

Ein so gestelltes Maximierungsproblem mit Nebenbedingungen kann man recht unterschiedlich lösen. Ein Praktiker könnte auf die Idee kommen, es mit Probieren zu versuchen und für eine Reihe von Kombinationen von Stückzahlen produzierter Vitrinen von Typ A und B den zugehörigen Gewinn mit der Zielfunktion zu errechnen. Hierbei wird er bald feststellen, dass nur Kombinationen von Stückzahlen der beiden Vitrinen zulässig sind, die die Nebenbedingungen nicht verletzen.

Verfügt der Praktiker über einige Routine im Zeichnen, so wird er einer geometrischen Lösung des Problems näherkommen, wenn er ein Achsenkreuz erstellt etwa mit x_2 als Ordinate und x_1 als Abszisse.

Die Nebenbedingung der *Glaserei* ist exakt erfüllt, wenn in diesem Achsenkreuz die nach x_2 aufgelöste Gerade

(3.4) $\quad x_2 = 24 - 0{,}3 x_1$

eingetragen wird. Aus der Sicht der Produktionsbeschränkungen der Glaserei liegen dann zulässige Kombinationen der hergestellten Stückzahlen von x_1 und x_2 in dem Dreieck, das von dieser Geraden im 1. Quadranten dieses Achsenkreuzes abgegrenzt wird.

Die Nebenbedingung der *Schreinerei* ist exakt erfüllt, wenn in diesem Achsenkreuz die nach x_2 aufgelöste Gerade

(3.5) $\qquad x_2 = 30 - 0,5\, x_1$

eingetragen wird. Aus der Sicht der Produktionsbeschränkungen allein der Schreinerei liegen dann zulässige Kombinationen der hergestellten Stückzahlen von x_1 und x_2 in dem Dreieck, das von letzterer Geraden im 1. Quadranten dieses Achsenkreuzes abgegrenzt wird.

Beiden Restriktionen wird man geometrisch gerecht, wenn man die beiden letztgenannten Funktionen in dasselbe Achsenkreuz einträgt. Zulässig sind dann nur noch die Kombinationen, die im 1. Quadranten dieses Achsenkreuzes auf den aus der Sicht des Ursprungs nächstgelegenen Geraden bzw. darunter liegen. Man bezeichnet dieses durch die Restriktionen und die Begrenzung des 1. Quadranten gebildete unregelmäßige Vieleck (Polygon) als den *zulässigen Bereich* der Lösungen unseres Maximierungsproblems, die Grenzlinie aus der Sicht des Ursprungs als Polygonzug. Da wir in unserem Problem nur zwei Restriktionen haben, handelt es sich um ein unregelmäßiges Viereck.

Konfrontiert man in einem derartigen Achsenkreuz die nach x_2 aufgelöste Zielfunktion

(3.6) $\qquad x_2 = G/250 - 0,4\, x_1$

mit dem zulässigen Bereich, so sind für die Lösung des Problems die *Eckpunkte* unseres unregelmäßigen Vierecks von besonderer Bedeutung. Der Ursprung steht für eine Kombination von $x_1 = 0$ und $x_2 = 0$, d.h. für einen Gewinn G von Null, weil für beide Typen von Vitrinen die hergestellten Stückzahlen gleich Null sind.

Die Gleichung (3.6) steht für ein System paralleler Geraden mit der Steigung –0,4 in unserem Achsenkreuz, wobei diese Gewinngeraden um so weiter vom Ursprung entfernt sind, je größer der Gewinn G ausfällt.

Im zulässigen Bereich erhalten wir somit eine optimale Gewinnsituation, wenn entweder die Gewinngerade durch einen der Eckpunkte oder durch die Verbindungslinie von zwei Eckpunkten geht.

Letztere Situation würde bedeuten, dass die Gewinnfunktion die gleiche Steigung hätte wie eine der Restriktionen. Das ist, wie man durch Vergleich von (3.6) mit (3.4) und (3.5) sieht, in unserem Beispiel offensichtlich nicht der Fall.

Die Koordinaten der Eckpunkte $P(x_1 | x_2)$ erhält man als

$P_1 (0 | 24) ; P_2 (30 | 15) ; P_3 (60 | 0)$,

wobei der Punkt₁ P der Schnittpunkt von Restriktion (3.4) mit der x_2 –Achse ist, d.h. in Gleichung (3.4) ist $x_1 = 0$ einzusetzen, sodass man $x_2 = 24$ erhält. Enstprechend ist der Punkt P der Schnittpunkt von Restriktion (3.5) mit der x_1 –Achse , d.h. in Gleichung (3.5) ist $x_2 = 0$ einzusetzen, sodass man $x_1 = 60$ erhält. Schließlich ist der Eckpunkt P_2 der Schnittpunkt der beiden Restriktionen, dessen Koordinaten man erhält, wenn man die Gleichung (3.4) der Gleichung (3.5) gleichsetzt, d.h. man erhält dann $x_1 = 30$, was, in eine der Gleichungen eingesetzt, $x_2 = 15$ liefert.

Als Gewinn in den jeweiligen Eckpunkten erhalten wir mit

$$G = 100 \, x_1 + 250 \, x_2$$

für

$P_1 : G = 100 \cdot 0 + 250 \cdot 24 = 6000$

$P_2 : G = 100 \cdot 30 + 250 \cdot 15 = 6750$

$P_3 : G = 100 \cdot 60 + 250 \cdot 0 = 6000$.

Wir erkennen, dass im Punkt P_2 , dem Schnittpunkt der beiden Restriktionen, der maximale Gewinn von 6750 Euro bei Einhaltung der Nebenbedingungen erzielt wird.

3.3. Algebraische Lösung

3.3.1. Formulierung des Maximierungsproblems

Wir betrachten wieder unser in Abschnitt 3.1. allgemein formuliertes Maximierungsproblem. Für n > 2 läßt es sich nicht mehr geometrisch lösen, wie wir auch am Produktionsbeispiel des Abschnitts 3.2. feststellen können im n-Produkt-Fall mit n > 2.

Im Jahre 1947 publizierte George B. Dantzig den Simplex-Algorithmus, der für große Werte von n einen algebraischen Lösungsweg aufzeigt. Vgl. Dantzig [1966].

Hierzu ist es erforderlich, aus den Ungleichungen, in denen die Nebenbedingungen auftreten, Gleichungen zu bilden. Dies geschieht, indem in jeder der Restriktionen eine zusätzliche Variable eingeführt wird. Man bezeichnet diese als *Leerlaufvariable* (auch Schlupfvariable). So wird in der i-ten Gleichung (i = 1, ..., m) die Variable x_{n+i} additiv eingefügt und es entsteht das folgende Gleichungssystem aus Zielfunktion

(3.7) $$G = g_1 \cdot x_1 + ... + g_n \cdot x_n + g_{n+1} \cdot x_{n+1} + ... + g_{n+m} \cdot x_{n+m}$$

mit $g_j = 0$ für $j > n$,

den Nebenbedingungen

(3.8)
$$\begin{aligned}
\alpha_{11} \cdot x_1 + \alpha_{12} \cdot x_2 + ... + \alpha_{1n} \cdot x_n + x_{n+1} &= \beta_1 \\
\alpha_{21} \cdot x_1 + \alpha_{22} \cdot x_2 + ... + \alpha_{2n} \cdot x_n \phantom{+ x_{n+1}} + x_{n+2} &= \beta_2 \\
&\vdots \\
\alpha_{m1} \cdot x_1 + \alpha_{m2} \cdot x_2 + ... + \alpha_{mn} \cdot x_n \phantom{+ x_{n+1}} + x_{n+m} &= \beta_1
\end{aligned}$$

und den Nichtnegativitätsbedingungen

$x_j \geq 0$ für $j = 1, ..., n+m$.

Wir bemerken, dass die neuen Variablen den Wert G der Zielfunktion nicht verändern können, da sie das Gewicht Null erhalten. Jede Nebenbedingung hat ihre eigene Leerlaufvariable. Deren Bedeutung liegt darin, dass die Leerlaufvariable einer Nebenbedingung den Wert Null annimmt, wenn die Kapazität exakt ausgenutzt wird und sonst die Lücke ausfüllt, die als nicht ausgenutzte Kapazität noch zur Verfügung steht. Damit wird in jedem Fall aus dem früheren Ungleichungssystem der Restriktionen eine Gleichungssystem der Restriktionen. Da die Überkapazitäten positiv sind, erfüllen auch die neuen Variablen die Nichtnegativitätsbedingungen.

3.3.2. Der Simplex-Algorithmus

Der Simplex-Algorithmus ist formal ein Eliminations-Verfahren. Zur Veranschaulichung verwenden wir unser Produktionsbeispiel aus Abschnitt 3.2., d.h. wir entwickeln eine algebraische Lösung des Vitrinenproblems.

Wir beginnen damit, dass wir die numerischen Angaben des Beispiels in ein Tableau einfügen. Dieses hat für n = 2 (Zweiproduktfall mit zwei Leerlaufvariablen) folgende Gestalt

1. TABLEAU

x_1	x_2	x_3	x_4	β
100	250	0	0	0
3	10	1	0	240
6	12	0	1	360

Das Tableau enthält die Koeffizientenstruktur unseres Produktionsbeispiels. Links vom großen Partitionsstrich erkennen wir in der Kopfzeile die numerischen Angaben der Zielfunktion, d.h. die beiden Gewinnbeiträge für die echten Produktionsvariablen und die Gewichte Null der beiden Leerlaufvariablen.

Darunter finden wir in der quadratischen Zentralmatrix die Koeffizienten der echten Produktionsvariablen aus den Nebenbedingungen und rechts vom großen Partitionsstrich die Kapazitäten der beiden Produktionsabteilungen Glaserei und Schreinerei. Mit den kleinen Partitionsstrichen werden die echten Produktionsvariablen von den Leerlaufvariablen auch in den Nebenbedingungen getrennt. Die Koeffizientenstruktur der Leerlaufvariablen neben der quadratischen Zentralmatrix entspricht hier einer Einheitsmatrix. Es ist anzumerken, dass nur in diesem einfachen Problem die Anzahl der Nebenbedingungen mit der Anzahl der echten Produktionsvariablen übereinstimmt. Würden im Zweiproduktfall weitere Nebenbedingungen formuliert (z.B. für weitere Produktionsabteilungen), so würde sich das Tableau nach unten verlängern.

Jedem Tableau ist eine sogenannte Basislösung zugeordnet. Dem 1. Tableau entspricht die 1. Basislösung mit den folgenden Angaben:

1. BASISLÖSUNG
$x_1 = 0$, $x_2 = 0$. G = 0

Zu erkennen ist, dass der Gewinn bei Null verbleibt, solange die Produktion der beiden Vitrinen noch nicht aufgenommen wird.

Aus dieser Startsituation heraus entscheidet man sich, die Produktion der echten Produktionsvariablen zu erhöhen, wobei man zunächst die Produktion der Vitrine vorantreibt, die uns den größten Gewinnbeitrag liefert.

Formal geschehen im Simplex-Algorithmus diese Veränderungen des Tableaus durch elementare Zeilenoperationen, wobei die Umformungen schrittweise erfolgen.

1. Schritt: Suche nach dem maximalen Element der Zielfunktion

Für die echten Produktionsvariablen wird zunächst der maximale Gewinnbeitrag ermittelt.

Mit

(3.9) $$\max_{j=1,\ldots,n} g_j = g_j{}^*$$

wird unter den echten Produktionsvariablen durch die Bestimmung des maximalen Gewinnbeitrags die sogenannte *Pivotspalte* j^* ermittelt. In unserem Beispiel ist $g_2 = 250$ als Gewinnbeitrag von x_2 der maximale Wert, wodurch die 2. Spalte zur Pivotspalte wird ($j^* = 2$).

Anzumerken ist, dass der Ausdruck Pivotelement aus dem Operations Research als Drehelement übersetzt werden könnte, d.h. als Element, um das die Drehung der Matrix erfolgt. Wie bei der Gaußschen Elimination muß also zunächst ein Hauptdiagonalelement der Startmatrix auf Eins gesetzt werden. Zur Bestimmung des Drehelements bedarf es nach Bestimmung der Spalte dieses Elements nun der Bestimmung der Pivotzeile. Dies geschieht im nächsten Schritt.

2. Schritt: Suche nach dem Engpaß

Für alle Elemente $\alpha_{ij}{}^*$ der Pivotspalte j^* wird nun das Verhältnis $\beta_i/\alpha_{i\,j}{}^*$ gebildet.

Das bedeutet für $j^* = 2$, dass in allen Nebenbedingungen festgestellt wird, wieviele Vitrinen vom Typ B jeweils in den Produktionsabteilungen hergestellt werden können, wenn die vorhandene Kapazität nur zur Herstellung von Vitrinen vom Typ B genutzt wird. Unter diesen Produktionszahlen wird der Engpaß ermittelt, d.h. die Abteilung, deren Kapazität als erste erschöpft sein wird.

Formal entspricht dies der Suche nach dem Minimum der beschriebenen Verhältnisse, also

$$(3.10) \quad \min_{i=1,\ldots,m} \frac{\beta_i}{\alpha_{ij^*}} = \frac{\beta_{i^*}}{\alpha_{i^*j^*}}$$

d.h. dass damit die Pivotzeile bestimmt wurde. In unserem Beispiel ergibt sich für i = 1 (Glaserei) ein Verhältnis von 240/10 = 24 und für i = 2 (Schreinerei) eine Verhältnis von 360/12 = 30, mithin bilden die 24 Vitrinen vom Typ B, die die Glaserei aufgrund ihrer Kapazität herstellen kann, den Engpaß. Es stellt sich also heraus, dass i* = 1 die Pivotzeile ist. Das Pivotelement lautet somit $\alpha_{12} = 10$.

Im nächsten Schritt ist mit einer elementaren Zeilenoperation das Pivotelement auf Eins zu setzen

3. Schritt: Division aller Elemente der Pivotzeile durch das Pivotelement

Im Beispiel sind alle Elemente der 1. Zeile (der Zentralmatrix) durch 10 zu dividieren.

Die *neue 1. Zeile* enthält dann die Koeffizienten

3/10 1 | 1/10 0 | 24 .

4. Schritt: Ausräumen der Pivotspalte

Im Beispiel wird die neue 1. Zeile mit 12 multipliziert und im 1. Tableau von der ausgewählten 2. Zeile subtrahiert, damit in der Pivotspalte (also der 2. Spalte) dort eine Null entsteht. Die *neue 2. Zeile* hat dann folgendes Aussehen

12/5 0 | -6/5 1 | 72 .

Beim Simplex-Algorithmus ist auch die Zielfunktion auszuräumen. Um die Zielfunktion in der 2. Spalte auszuräumen, muß das 250-fache der neuen 1. Zeile von der Zielfunktion aus dem 1. Tableau subtrahiert werden. Es ensteht als neue Zielfunktion

25   0 | -25   0 | -6000 .

Alle Ergebnisse werden im 2. Tableau zusammengefaßt.

2. TABLEAU

x_1	x_2	x_3	x_4	β
25	0	-25	0	-6000
3/10	1	1/10	0	24
12/5	0	-6/5	1	72

Dem 2. Tableau entspricht die 2. Basislösung.

2. BASISLÖSUNG
$x_1 = 0$, $x_2 = 24$. $G = 6000$

Das Ergebnis der bisherigen Transformationen besteht also darin, dass keine Vitrinen vom Typ A hergestellt werden. Die 24 hergestellten Vitrinen vom Typ B erbringen einen Gewinn von 6000 Euro.

Das Verfahren wird fortgesetzt, solange in der Zielfunktion für die echten Produktionsvariablen noch positive Gewinnbeiträge existieren.

Im 2. Tableau erkennen wir, dass dies in der 1. Spalte mit einem Wert von 25 der Fall ist. Es erfolgt eine neuer Durchgang des Verfahrens, beginnend mit dem 1. Schritt.

1. Schritt: Suche nach dem maximalen Element der Zielfunktion

Die 1. Spalte wird zur Pivotspalte.

2. Schritt: Suche nach dem Engpaß

Für die Glaserei (i = 1) ergibt das gesuchte Verhältnis den Wert von 80 (wegen 24 geteilt durch 3/10), für die Schreinerei (i = 2) den Wert von 30 (wegen 72 geteilt durch 12/5). Damit bildet die Schreinerei den Engpaß und die 2. Zeile bildet die Pivotzeile. $\alpha_{21} = 12/5$ ist damit das Pivotelement.

3. Schritt: Division aller Elemente der Pivotzeile durch das Pivotelement

Die 2. Zeile wird durch 12/5 dividiert. Dadurch entsteht die *neue 2. Zeile.*

4. Schritt: Ausräumen der Pivotspalte

Das 3/10-fache der neuen 2. Zeile wird von der alten 1. Zeile subtrahiert. Es entsteht die *neue 1. Zeile.*

Das 25-fache der neuen 2. Zeile wird von der Zielfunktion subtrahiert. Es entsteht die *neue Zielfunktion.*

Alle neuen Funktionen werden im 3. Tableau zusammengefaßt.

3. TABLEAU

x_1	x_2	x_3	x_4	β
0	0	-25/2	-125/12	-6750
0	1	1/4	-1/8	15
1	0	-1/2	5/12	30

Dem 3. Tableau entspricht die 3. Basislösung.

3. BASISLÖSUNG
$x_1 = 30$, $x_2 = 15$. $G = 6750$

Damit beschreibt die 3. Basislösung die *optimale Lösung* unseres Vitrinenproblems, denn im 3. Tableau ist aus der Zielfunktionszeile zu erkennen, dass mit den echten Produktionsvariablen keine Gewinnverbesserungen mehr möglich sind, da für die ersten beiden Variablen keine positiven Koeffizienten existieren.

3.4. Ein Minimierungsproblem

Minimierungsprobleme treten in der Ökonomie im Zusammenhang mit der Betrachtung von Kosten bzw. Verlusten auf. Nachfolgend soll die typische Struktur eines Minimierungsproblems aufgezeigt werden.

Zielfunktion:

(3.11) $\quad V = v_1 \cdot x_1 + v_2 \cdot x_2 + \ldots v_n \cdot x_n$,

wobei

V = Verlust eines Unternehmens
x_i = i-te Einflußgröße ($i = 1, \ldots, n$)
v_i = Verlustbeitrag der i-ten Einflußgröße.

Nebenbedingungen:

$$\gamma_{11} \cdot x_1 + \gamma_{12} \cdot x_2 + \ldots + \gamma_{1n} \cdot x_n \geq \delta_1$$

$$\gamma_{21} \cdot x_1 + \gamma_{22} \cdot x_2 + \ldots + \gamma_{2n} \cdot x_n \geq \delta_2$$

(3.12)

$$\vdots$$

$$\gamma_{m1} \cdot x_1 + \gamma_{m2} \cdot x_2 + \ldots + \gamma_{mn} \cdot x_n \geq \delta_m,$$

wobei

γ_{ij} = Koeffizient der j-ten Einflußgröße ($j = 1, \ldots, n$) in der i-ten Restriktion ($i = 1, \ldots, m$)
δ_i = Minimalwert, der bei Beachtung der i-ten Restriktion eingehalten werden muß.

Nichtnegativitätsbedingungen:

(3.13) $\quad x_1 \geq 0, x_2 \geq 0, \ldots, x_n \geq 0$.

Wie im Maximierungsproblem wird auch im Minimierungsproblem ein zulässiger Lösungsbereich durch die Nichtnegativitätsbedingungen und die Nebenbedingungen geschaffen der damit ebenfalls durch einen Polygonzug begrenzt wird. Im Maximierungsproblem ist der Polygonzug aus der

Blickrichtung des Ursprungs konvex, d.h. dem Urprung abgewandt, im Minimierungsproblem konkav, d.h. dem Ursprung angenähert. Im Minimierungsproblem besteht der zulässige Bereich aus Werten, die auf dem Polygonzug liegen oder noch weiter vom Urprung entfernt sind. Auch hier ist die optimale Lösung mit den Eckpunkten des Polygonzuges zu ermitteln. Entweder geht die lineare Verlustfunktion im zweidimensionalen Fall als Funktion mit negativer Steigung durch einen Eckpunkt oder – wenn sie die Steigung einer Restriktion besitzt – durch die Verbindungslinie zweier Eckpunkte dieser Restriktion.

Ein Beispiel für ein Minimierungsproblem findet man in Marinell [1979], S. 174.

3.5. Ökonomische Anwendungen

Der Name der Simplexmethode leitet sich von dem geometrischen Begriff Simplex her. Darunter versteht man nach Müller-Merbach [1971] im n-dimensionalen Raum den einfachsten Körper, der sich aus linearen Begrenzungen ergibt. Beispielsweise können jedes Dreieck im zweidimensionalen Raum oder jeder Tetraeder im dreidimensionalen Raum als Simplex betrachtet werden.

Die Anwendungen des Simplex-Algorithmus sind vielfältig. Gewinnmaximierung, Umsatzmaximierung, die Steigerung des Marktanteils eines Unternehmens ebenso wie Kostenprobleme aller Art sind typische Beispiele, in denen lineare Nebenbedingungen formuliert werden können. Auch in der Produktion lassen sich viele Probleme mit einem linearen Programm lösen, z.B. die Herstellung von Stahl genauso wie die Kunststoffproduktion, sogar die Substitution von Stahl durch Kunststoff in allen möglichen Bereichen der Produktion. Im Handel, zur Lösung von Problemen der Lagerhaltung, als auch bei der Betrachtung von Problemen der Investitonsrechnung oder der Betrachtung der Liquidität eines Unternehmens bieten sich derartige Verfahren zur Lösung an.

Erweiterungen dieser Technik sind die nichtlineare Programmierung und die stochastische Programmierung, die zwar mathematisch aufwändiger sind, aber empirische Probleme noch zuverlässiger angehen können. Vgl. zu diesem Themenkreis auch Jaeger und Wäscher [1987] sowie Hauptmann [1983].

4. Kapitel: Differentialrechnung

4.1. Differentiation von Funktionen einer Variablen

4.1.1. Grundbegriffe

4.1.1.1. Funktion

Funktionen sind eindeutige Abbildungen. Das bedeutet, das eine Funktion f eine Vorschrift ist, die einer Variablen x *eindeutig* den Wert y zuordnet, d.h. zu jedem Wert von x existiert ein bestimmter Wert y mit

(4.1) $\qquad y = f(x)$.

Beispiel:

$y = x^2$. Zu jedem Wert von x gehört eine bestimmter Wert von y. Ist etwa $x = 3$, so ist $y = 9$.

Die Menge aller Werte von x bildet den *Definitionsbereich*, den man auch Urbildbereich nennt. Die Menge aller Werte von y bilden den *Wertebereich*, den man auch Bildbereich nennt.

Die Funktion f(x) bildet also den Definitionsbereich eindeutig in den Wertebereich ab.

Existiert die inverse Abbildung der Funktion f(x), also $f^{-1}(x)$, so ist die Funktion eine *eineindeutige* Abbildung.

Beispiel:

$y = 3x$ ist eine eineindeutige Abbildung mit der inversen Funktion $x = y/3$. Für $x = 2$ erhalten wir $y = 6$ und aus $y = 6$ erhalten wir eindeutig mit der inversen Funktion wieder $x = 2$. Man beachte, dass das mit der Funktion $y = x^2$ nicht geht, weil z.B. $y = 9$ die beiden Lösungen $x = 3$ und $x = -3$ hat.

4.1.1.2. Grenzwert einer Funktion

Definition: G ist der *Grenzwert* der Funktion f(x) an der Stelle $x = x_g$, wenn die x-Werte in der ε-Umgebung von x, also für $x_g - \varepsilon \leq x \leq x_g + \varepsilon$, die Funktionswerte f(x) haben. Es gilt dann: $G - \eta \leq f(x) \leq G + \eta$, wobei $\varepsilon > 0$ und $\eta > 0$ beliebig kleine Zahlen sind.

Dafür schreibt man

(4.2) $$\lim_{x \to x_g} f(x) = G.$$

Für $x_g \to x$ konvergiert also $f(x)$ gegen G.

4.1.1.3. Stetigkeit einer Funktion

Definition: Eine Funktion f(x) ist *stetig* an der Stelle $x = x_s$, wenn folgende drei Bedingungen erfüllt sind:

1. x_s stammt aus dem Definitionsbereich,

2. der Grenzwert

$$G = \lim_{x \to x_s} f(x)$$

existiert und

3. $G = f(x_s)$, d.h. dass der Grenzwert mit dem Funktionswert an der Stelle $x = x_s$ übereinstimmt.

Ist eine der drei Bedingungen verletzt, so ist die Funktion an der Stelle $x = x_s$ unstetig.

Beispiele:

Trivial ist die Verletzung der 1. Bedingung, denn Werte, die nicht aus dem Definitionsbereich stammen, werden nicht betrachtet.

Ein Beispiel für eine Verletzung der 2. Bedingung ist die rechtwinklige Hyperbelfunktion $f(x) = 1/x$. Diese ist an der Stelle $x = 0$ unstetig, da an dieser Stelle kein Grenzwert G existieren kann.

Als Beispiel, in dem die 3. Bedingung nicht erfüllt ist, betrachte man die Funktion, die in einem Parkhaus den zu bezahlenden Betrag in Euro in Abhängigkeit von der Zeit darstellt. Dies ist eine Treppenfunktion, die mit dem Einfahren in das Parkhaus beginnt. Der sofort zu entrichtende Grundbetrag wird etwa alle Stunde um einen konstanten Eurobetrag pro angefangene Stunde erhöht. So entsteht jeweils eine höhere Treppenstufe dieser Funktion, womit die

Funktion Unstetigkeitstellen derart hat, dass der Funktionswert an der Oberkante der Treppenstufe abzulesen ist.

Eine derartige Treppenfunktion heißt *rechtsseitig stetig*, weil Bedingung 3 nur erfüllt ist, wenn man sich der Treppenkante von rechts nähert. Nähert man sich der Stufe von links, so divergieren an der Sprungstelle Funktionswert (unten) und Grenzwert (oben), d. h. die Funktion ist nicht durchgehend stetig.

4.1.1.4. Differenzenquotient

Definition: Man bezeichnet das Verhältnis der Koordinatendifferenzen von Punkt $P_1(x + \Delta x \mid y + \Delta y)$ mit Punkt $P_2(x \mid y)$ der Funktion $f(x)$

$$(4.3) \qquad \frac{\Delta y}{\Delta x} = \frac{f(x + \Delta x) - f(x)}{(x + \Delta x) - x} = \frac{(y + \Delta y) - y}{(x + \Delta x) - x}$$

als *Differenzenquotient*.

Der Differenzenquotient setzt die Veränderung des Wertes von y in Beziehung zur Veränderung des Wertes von x, mißt also die Ordinatenänderung relativ zur Abszissenänderung. Damit gibt der Differenzenquotient die Steigung der die Punkte P_1 und P_2 der Funktion verbindenden Geraden an.

4.1.1.5. Differentialquotient

Definition: Die Funktion $y = f(x)$ ist im Punkt $P(x \mid y)$ *differenzierbar*, wenn der Grenzwert des Differenzenquotienten

$$(4.4) \qquad \lim_{\Delta x \to 0} \frac{\Delta y}{\Delta x} = \lim_{\Delta x \to 0} \frac{f(x + \Delta x) - f(x)}{\Delta x} = \frac{d\,f(x)}{d\,x}$$

existiert.

Für $d\,f(x) / d\,x$ schreibt man auch $f'(x)$ oder dy / dx oder y'.

Der Differenzenquotient ist die 1. Ableitung der Funktion $f(x)$ im Punkt $P(x \mid y)$ und gibt damit die Steigung der Funktion in diesem Punkt an.

Beispiel:

y = f(x) = $3x^2$. Wir ersetzen in Gleichung (4.3) Δx durch die infinitesimal kleine Änderung δ und erhalten

$$f'(x) = \lim_{\delta \to 0} \frac{3(x+\delta)^2 - 3x^2}{\delta} = \lim_{\delta \to 0} \frac{3x^2 + 6x\delta + 3\delta^2 - 3x^2}{\delta}$$

$$= \lim_{\delta \to 0} \frac{6x\delta + 3\delta^2}{\delta} = \lim_{\delta \to 0} (6x + 3\delta) = 6x.$$

Man beachte, dass sich δ kürzen läßt und dass 6x bezüglich der infinitesimalen Betrachtung von δ als Konstante verbleibt, während 3δ mit $\delta \to 0$ ebenfalls gegen Null geht.

Die 1. Ableitung der Funktion $f(x) = 3x^2$ nach x lautet also $f'(x) = 6x$.

Ersetzen wir im Beispiel den Faktor 3 durch die Konstante c und führen die Berechnungen nochmals durch, so erkennen wir, dass allgemein die 1. Ableitung einer Funktion vom Typ $f(x) = c \cdot x^2$ nach x die 1. Ableitung $f'(x) = 2cx$ ergibt.

4.1.2. Ableitungsregeln

In diesem Abschnitt sollen einige wichtige Ableitungsregeln gewonnen werden.

1. Für y = a lautet die 1. Ableitung y' = 0.

   Bemerkung: Eine Funktion y = f(x) mit konstantem Verlauf hat die Steigung Null.

2. Für die linear homogene Funktion $y = b \cdot x$ lautet die 1. Ableitung y' = b.

   Bemerkung: Dies ist eine Funktion, die durch den Ursprung verläuft mit der Steigung b, die damit das Ergebnis der 1. Ableitung ist.

3. Für die Parabel $y = c \cdot x^2$ erhalten wir als 1. Ableitung y' = 2cx.

   Bemerkung: Dies war das Beispiel aus dem vorigen Abschnitt.

4. Für die kubische Parabel $y = x^3$ erhalten wir als 1. Ableitung $y' = 3x^2$.

Bemerkung: Beim Grenzübergang im Sinne von (4.4) hebt sich wegen $(x + \delta)^3 = x^3 + 3x^2\delta + 3x\delta^2 + \delta^3$ wie im Beispiel des vorigen Abschnitts das erste Element x^3 gegen das letzte Element auf und das zweite Element ist sodann wegen $3x^2\delta/\delta = 3x^2$ das einzige Element ohne den Faktor δ, wodurch es als Konstante verbleibt, während die restlichen Summanden für $\delta \to 0$ gegen Null gehen.

5. Für die Potenzfunktion $y = x^k$ erhalten wir als 1. Ableitung

(4.5) $\qquad y' = k \cdot x^{k-1}$.

Bemerkung: Für diese Funktion in der k-ten Potenz wird in der 1. Ableitung die Potenz k der neue Faktor, während sich durch die Ableitung die Potenz um 1 auf k-1 reduziert. Als Beweisskizze im Sinne einer Ableitung nach Gleichung (4.4) darf darauf verwiesen werden, dass der zweite Koeffizient in einem Binom k-ter Ordnung als Potenz (k-1)-ter Ordnung den binomischen Faktor k aufweist. Da auch hier dieser Term der einzige ist, der nach Wegfall des ersten gegen den letzten Term und Kürzen mit δ als $k \cdot x^{k-1}$ den Grenzübergang als Konstante übersteht, ist damit die allgemeine Gesetzmäßigkeit erarbeitet.

6. Für die Inverse dieser Potenzfunktion $y = x^{-k}$ erhalten wir als 1. Ableitung

(4.6) $\qquad y' = -\dfrac{k}{x^{k+1}}$.

Bemerkung: Wenn man dies als $y' = -k \cdot x^{-(k+1)} = -k \cdot x^{-k-1}$ schreibt, ist zu sehen, dass man, wie zuvor bewiesen, auch für diese Potenzfunktion mit einem negativen Exponenten zur Gewinnung der 1. Ableitung den alten Exponenten als Faktor erhält und den neuen Exponenten als den um Eins verminderten alten Exponenten.

7. *Kettenregel:* Sei $y = f(u)$ mit $u = g(x)$, also eine verschachtelte Funktion der Art $y = f(g(x))$, so erhält man als 1. Ableitung

(4.7) $\qquad y' = \dfrac{d\,f(u)}{d\,u} \cdot \dfrac{d\,u}{d\,x}$,

wofür man auch schreiben kann $y' = f'(u) \cdot g'(x)$.

Beispiel: Für $y = u^2$ und $u = a + b \cdot x$ erhält man im 1. Schritt der Kettenregel $f'(u) = 2u$ und im 2. Schritt $g'(x) = b$, insgesamt also $y' = 2ub = 2(a + b \cdot x) \cdot b = 2ab + 2bx$, was man auch bestätigt findet, wenn man nach Einsetzen von u das Binom $y = (a + bx)^2 = a^2 + 2abx + b^2x^2$ nach x differenziert.

8. *Summenregel:* Für $y = u(x) + v(x)$ lautet die 1. Ableitung

(4.8) $\qquad y' = u'(x) + v'(x)$.

Bemerkung: Die Ableitung einer Summe ist gleich der Summe der Ableitungen der Summanden. Dies läßt sich wieder beweisen, indem man das Vorgehen nach Gleichung (4.4) für die Summenformel wiederholt.

Beispiel: Für $y = bx + cx^2$ erhalten wir $y' = b + 2cx$.

9. *Produktregel:* Für $y = u(x) \cdot v(x)$ lautet die 1. Ableitung

(4.9) $\qquad y' = u(x) \cdot v'(x) + v(x) \cdot u'(x)$.

Beispiel: Seien $u(x) = bx$ und $v(x) = cx^2$, dann erhalten wir mit der Produktregel $y' = bx \cdot 2cx + cx^2 \cdot b = 3bcx^2$. Bestätigen läßt sich dies durch Differenzieren von bcx^3 nach x.

10. *Quotientenregel:* Für $y = \dfrac{u(x)}{v(x)}$ erhalten wir als 1. Ableitung:

(4.10) $\qquad y' = \dfrac{u'(x) \cdot v(x) - u(x) \cdot v'(x)}{v^2(x)}$.

Beispiel: Seien $u(x) = c \cdot x^2$ und $v(x) = b \cdot x$. Dann ist

$$y' = \frac{2cx \cdot bx - cx \cdot b}{b^2 \cdot x^2} = c/b ,$$

was man auch bestätigt findet, wenn man $y = cx/b$ nach x differenziert.

11. Für $y = e^x$ lautet die 1. Ableitung $y' = e^x$.

    Bemerkung: Die Ableitung der Exponentialfunktion ergibt wieder die Exponentialfunktion.

    Beispiel: Sei $y = e^{ax}$. Mit der Kettenregel erhalten wir für $y = e^u$ mit $u = ax$ im 1. Schritt $y' = e^u$ und im 2. Schritt $du/dx = a$, insgesamt also $y' = a \cdot e^u = a \cdot e^{ax}$.

12. Für $y = a^x$ erhalten wir als 1. Ableitung $y' = \ln(a) \cdot a^x$.

    Bemerkung: Da ln und e inverse Funktionen sind, kann man für y auch schreiben
    $$y = a^x = \exp(\ln a^x) = e^{x \cdot \ln(a)}.$$

    Nach der Kettenregel liefert die 1. Ableitung von $y = e^u$ mit $u = x \cdot \ln(a)$

    $dy/dx = e^u \cdot du/dx = a^x \cdot \ln(a)$.

13. Für $y = \ln(x)$ mit $x > 0$ lautet die 1. Ableitung $y' = 1/x$.

    Bemerkung: $y = \ln(x)$ besitzt die *Umkehrfunktion* $x = e^y = e^{\ln(x)}$.
    Für die Umkehrfunktion $e^y = x$ lautet die 1. Ableitung nach der Kettenregel

    $d\,e^y / dx = d\,e^{\ln(x)} / dx = e^{\ln(x)} \cdot d\ln(x)/dx = dx/dx = 1$.

    Damit ergibt sich umgekehrt für

    $d\ln(x)/dx = 1/e^{\ln(x)} = 1/x$.

14. Für $y = \sin x$ ergibt sich als 1. Ableitung $y' = \cos x$.

    Bemerkung: Man betrachte die Steigung der Sinusfunktion in einem beliebigen Punkt. Besonders leicht läßt sich dies für die x-Werte 0, $\pi/2$, π, $3\pi/2$ und 2π nachvollziehen. Die 1. Ableitung ist also eine um $\varphi = \pi/2$ phasenverschobene Sinusfunktion.

15. Für y = cos x ergibt sich als 1. Ableitung y´= – sin x.

Bemerkung: Man betrachte die Steigung der Kosinusfunktion in einem beliebigen Punkt. Besonders leicht läßt sich dies auch hier für die x-Werte 0, $\pi/2$, π, $3\pi/2$ und 2π nachvollziehen. Die 1. Ableitung ist also eine um $\varphi = \pi/2$ verschobene Kosinusfunktion.

Abschließend soll in diesem Zusammenhang noch eine Ableitungsregel betrachtet werden, die für die Beurteilung des Konvergenzverhaltens von Funktionen von einiger Bedeutung ist.

L`Hospitalsche Regel: Wenn der Grenzwert eines Verhältnisses u(x) / v(x) von Funktionen, der in den Fällen x→∞ , x→ –∞ oder für x→0 zu betrachten ist, zu keinem eindeutigen Ergebnis führt, so ist an seiner Stelle der Grenzwert

$$\lim_{x \to x_g} \frac{u´(x)}{v´(x)}$$

zu untersuchen. Sollte dies noch nicht zu einem klaren Ergebnis führen, so ist mit

$$\lim_{x \to x_g} \frac{u´´(x)}{v´´(x)} ,$$

$$\lim_{x \to x_g} \frac{u´´´(x)}{v´´´(x)}$$

usw. fortzufahren, bis ein Ausdruck entsteht, in dem nur noch im Zähler oder nur noch im Nenner eine Funktion von x steht.

Beispiel: Es soll für über alle Grenzen wachsendes x der Grenzwert von x^3/e^x ermittelt werden.

Das Verhältnis der 1. Ableitungen $3x^2/e^x$ liefert noch kein klares Ergebnis. Über das Verhältnis der 2. Ableitungen $6x/e^x$ gelangen wir zum Verhältnis der 3. Ableitungen $6/e^x$, aus dem klar zu erkennen ist, dass

$$\lim_{x \to \infty} \frac{6}{e^x} = 0.$$

Die Exponentialfunktion e^x konvergiert also schneller als x^k.

Weitere hilfreiche Formeln zur Differentiation von Funktionen der in diesem Abschnitt vorgestellten Art findet man etwa im Taschenbuch der Mathematik von Bronstein und Semendjajew [1970].

4.1.3. Extremwerte einer Funktion

4.1.3.1. Minimum und Maximum

Bekanntlich ermittelt man die Steigung einer nichtlinearen Funktion in einem bestimmten Punkt als die Steigung der Tangenten an diese Funktion, die durch diesen Punkt verläuft.

Daraus folgt, dass die Steigung im *Minimum* einer Funktion gleich Null ist. Wie man sich am Verlauf einer Parabel $y = x^2$ klarmachen kann, ist dies im Ursprung der Fall. Im 2. Quadranten, also vor dem Minimalwert, haben Tangenten an die Funktion eine negative Steigung, d.h. vor dem Minimum ist die Steigung der Funktion negativ. Im 1. Quadranten, also nach dem Minimalwert, haben Tangenten an die Funktion eine positive Steigung, d.h. nach dem Minimum ist die Steigung der Funktion positiv. Da die 1. Ableitung unserer Parabel den Wert $y' = 2x$ aufweist, finden wir diese Betrachtungen bestätigt durch Einsetzen negativer bzw. positiver Werte von x in y'.

In einem *Maximum* ist die Steigung einer Funktion ebenfalls gleich Null. Wir betrachten hierzu die Funktion $y = -x^2$, also die an der x-Achse gespiegelte Parabel, die ihre Parabeläste nach unten öffnet. Vor dem Maximum im Ursprung ist diesmal die Steigung der Tangenten an die Funktion stets positiv, während nach dem Maximum die Steigung der Tangenten an die Funktion negativ ist. Auch hier bestätigen wir durch Einsetzen negativer bzw. positiver Werte von x in die 1. Ableitung $y' = -2x$ diese Betrachtungen.

Die Bedingung, dass die 1. Ableitung einer Funktion gleich Null ist, ist daher nur eine *notwendige Bedingung* zur Bestimmung eines *Minimums* bzw. eines *Maximums*.

Die *hinreichende Bedingung* zur Bestimmung eines *Minimums* lautet, dass die 2. *Ableitung* der Funktion *positiv* ist. Beispielhaft erkennen wir dies an der Parabel $y = x^2$ mit $y' = 2x$ und $y'' = 2$. Mit der 2. Ableitung erhalten wir die Steigung der 1. Ableitung und die ist in einem Minimum stets positiv, da die Steigung der Tangente an die Funktion f(x) beim Durchschreiten des Minimums für zunehmende Werte von x als f'(x) selbst zunehmende Werte aufweist und damit ihrerseits eine positive Steigung hat.

Die *hinreichende Bedingung* zur Bestimmung eines *Maximums* lautet, dass die 2. *Ableitung* der Funktion *negativ* ist. Beispielhaft erkennen wir dies an der gespiegelten Parabel $y = -x^2$ mit $y' = -2x$ und $y'' = -2$. Beim Durchschreiten eines Maximums weist für zunehmende Werte von x die Steigung der Tangente an die Funktion f(x) selbst abnehmende Werte auf, hat also selbst eine negative Steigung. Somit gilt allgemein:

Minimum: Notwendige Bedingung: $f'(x) = 0$.
Hinreichende Bedingung: $f''(x) > 0$.

Maximum: Notwendige Bedingung: $f'(x) = 0$
Hinreichende Bedingung: $f''(x) < 0$.

Beispiel 1: Man bestimme das Minimum der Durchschnittskostenkurve

$$k = 1.000 / x + 5 + x / 10,$$

wobei x für die hergestellte Menge steht.

Als 1. Ableitung erhalten wir die Grenzkostenkurve

$$k' = -1.000 / x^2 + 1/10.$$

Nullsetzen der Grenzkostenkurve liefert die quadratische Gleichung $x^2 = 10.000$ mit den beiden Lösungen $x_1 = 100$ und $x_2 = -100$. Nur der positive Wert kann für eine hergestellte Menge stehen. Um festzustellen, ob an der Stelle $x = 100$ ein Minimum existiert, betrachten wir die 2. Ableitung der Durchschnittskostenkurve

$$k'' = 2.000 / x^3.$$

Für $x = 100$ ist $k'' > 0$, also liegt dort der Minimalwert. $k = 25$ ist also der minimale Wert der Durchschnittskosten.

Beispiel 2: Ein Produzent sieht sich folgender Preis-Absatz-Funktion gegenüber:

$p = 20 - 2x$.

Je mehr Einheiten x er also anbietet, desto niedriger wird der von ihm erzielte Preis p ausfallen.

Als Umsatz U erhält der Produzent

$U = p \cdot x = (20 - 2x) \cdot x = 20x - 2x^2$.

Man bestimme den Wert von x, für den der Umsatz maximal wird.

Die 1. Ableitung ergibt

$U' = 20 - 4x$.

Nullsetzen der 1. Ableitung ergibt $x = 5$.

Damit wir feststellen können, ob an der Stelle $x = 5$ ein Maximum vorliegt, bilden wir die 2. Ableitung

$U'' = -4$.

Da $U'' < 0$ an der Stelle $x = 5$, liegt dort ein Maximum vor. In der Tat ist wegen dem zugehörigen Preis $p = 10$ der Umsatz $U = 50$ maximal für den Produzenten.

4.1.3.2. Wendepunkt

Eine Funktion f(x) besitzt einen Wendepunkt, wenn die 2. Ableitung der Funktion den Wert Null annimmt und die 3. Ableitung der Funktion von Null verschieden ist, also:

Wendepunkt: Notwendige Bedingung: $f''(x) = 0$.
Hinreichende Bedingung: $f'''(x) \neq 0$.

Beispiel 3: $y = x^3$.
$y' = 3x^2$.
$y'' = 6x$. Für $x = 0$ ist die 2. Ableitung gleich Null.
$y''' = 6$. An der Stelle $x = 0$ existiert damit ein Wendepunkt.

Beispiel 4: $y = -x^3$.
$y' = -3x^2$.
$y'' = -6x$. Für x = 0 ist die 2. Ableitung gleich Null.
$y''' = -6$. An der Stelle x = 0 existiert daher ein Wendepunkt.

4.1.4. Taylor-Reihe und Mac Laurinsche Reihe

4.1.4.1. Taylor-Reihe

Nach dem Mittelwertsatz der Differentialrechnung existiert für eine stetige Funktion y = f(x), die in einem Intervall a ≤ x ≤ b eine Ableitung aufweist, eine Zwischenstelle z aus diesem Intervall, so dass

$$f'(z) = \frac{f(b) - f(a)}{b - a}.$$

Eine Verallgemeinerung des Mittelwertsatzes der Differentialrechnung ist der Taylorsche Satz (vgl. Bronstein und Semendjajew [1970], S. 272).

Für Funktionen f(x), die (k+1)-mal differenzierbar sind, läßt sich die *Taylor-Reihe* bilden:

(4.11) $\quad f(x) = f(a) + \dfrac{(x-a)}{1!} \cdot f^{(1)}(a) + \ldots + \dfrac{(x-a)^k}{k!} \cdot f^{(k)}(a) + R_{k+1}(x)$,

wobei R(x) in der Darstellung von Lagrange das Restglied ist (vgl. Karmann und Köhler [1994], S. 85) mit der Zwischenstelle z (a < z < x)

(4.12) $\quad R_{k+1}(x) = \dfrac{(x-a)^{k+1}}{(k+1)!} \cdot f^{k+1}(z)$,

für das in der Integralform gilt (vgl. Bronstein und Semendjajew [1971], S. 277)

(4.13) $\quad R_{k+1}(x) = \dfrac{1}{k!} \displaystyle\int_a^x (x-t)^k \cdot f^{(k+1)}(t)\, dt$.

Konvergiert das Restglied gegen Null und ist die Funktion f(x) beliebig oft differenzierbar, so ist

(4.14) $\quad f(x) = f(a) + \sum_{k=1}^{\infty} \frac{(x-a)^k}{k!} \cdot f^{(k)}(a)$

eine Taylorreihe mit Entwicklungspunkt a. Vgl. hierzu auch Martensen [1969], S. 175.

4.1.4.2. Mac Laurinsche Reihe

Ist eine Funktion beliebig oft differenzierbar, so läßt sie sich als *Mac Laurinsche Reihe* darstellen:

(4.15) $\quad f(x) = f(0) + \sum_{k=1}^{\infty} \frac{x^k}{k!} \cdot f^{(k)}(0)$.

Wir bemerken, dass die Mac Laurinsche Reihe eine Taylor-Reihe mit Entwicklungspunkt a = 0 ist.

Die Mac Laurinsche Reihe gewinnt man durch die Entwicklung einer beliebig oft differenzierbaren Funktion f(x) nach Potenzen von x als *Potenzreihe*

(4.16) $\quad f(x) = a_0 + a_1 x^1 + a_2 x^2 + a_3 x^3 + ...$,

wobei man die einzelnen Ableitungen nach x bildet:

$\quad f^{(1)}(x) = a_1 + 2 a_2 x + 3 a_3 x^2 + ...$

$\quad f^{(2)}(x) = 2 a_2 + 6 a_3 x + ...$

$\quad f^{(3)}(x) = 6 a_3 + ...$

und daher für die k-te Ableitung an der Stelle x = 0 allgemein erhält

(4.17) $\quad f^{(k)}(0) = k! \cdot a_k$

und somit allgemein den k-ten Koeffizienten gewinnt mit

(4.18) $\quad a_k = f^{(k)}(0) / k! \qquad$ für k = 0, 1, ... , was wir in Gleichung (4.16) einsetzen können, womit wir wegen $f^{(0)}(0) = f(0) = a_0$ Gleichung (4.15) bewiesen haben.

Beispiel: Für die Funktion $f(x) = e^x$ liefert jede Ableitung wieder e^x. Da für e^x an der Stelle $x = 0$ gilt $e^0 = 1$, erhalten wir aus Gleichung (4.15) die Potenzreihenentwicklung von e^x wegen $0! = 1$ als

$$e^x = \sum_{k=0}^{\infty} \frac{x^k}{k!} .$$

Für $x = 1$ gewinnen wir daraus mit $k! = 1 \cdot 2 \cdot \ldots \cdot k$ die bekannte Entwicklung der reellen Zahl e als

(4.19) $\quad e = 1 + 1 + 1/2 + 1/6 + 1/24 + \ldots \approx 2{,}7182818\ldots$

4.1.5. Periodische Funktionen

Eine Funktion $f(x)$ ist *periodisch* mit Periode P, wenn

$$f(x \pm P) = f(x).$$

Diese Gesetzmäßigkeit überträgt sich auch auf ganzzahlige Vielfache der Periode P, so dass

$$f(x \pm k \cdot P) = f(x) \qquad \text{für } k = 1, 2, \ldots .$$

Das Bild der Funktion ändert sich also nicht, wenn das Urbild x der Funktion um ein ganzzahliges Vielfaches der Periode verschoben wird.

Prominente Beispiele periodischer Funktionen sind die Sinus- und die Kosinusfunktion.

Für die Sinusfunktion mit Periode 2π gilt

$$\sin(x \pm 2\pi k) = \sin(x) \qquad \text{für } k = 1, 2, \ldots$$

und entsprechend gilt für die Kosinusfunktion mit Periode 2π

$$\cos(x \pm 2\pi k) = \cos(x) \qquad \text{für } k = 1, 2, \ldots .$$

Periodische Funktionen lassen sich anschaulich mit dem Einheitskreis, d.h. mit einem Kreis mit Radius 1, darstellen. Da der Einheitskreis den Kreisumfang 2π besitzt, entspricht einer Periode von 2π ein ganzer Umlauf auf der Peripherie des Einheitskreises, also eine volle Umdrehung um 360 Grad. Die Periode 2π nennt man Grundperiode des Einheitskreises.

Mit der *Amplitude* A läßt sich das Bild der Sinusfunktion vertikal verändern. Während das Bild von f(x) = sin x für x = $-\pi$ bis x = π zwischen -1 und $+1$ schwingt, kann

$$f(x) = A \cdot \sin x$$

Werte von $-$ A bis $+$ A annehmen. Dies ist für ökonomische Daten von Bedeutung, deren Größenordnung in ökonomischen Zyklen Dimensionen von Billionen Euro annehmen können.

Durch die *Phasenverschiebung* φ können die Nulldurchgänge des Bildes der Sinusfunktion verschoben werden. Allgemein besitzen somit eine Sinusfunktion

$$A \cdot \sin(x + \varphi)$$

und entsprechend eine Kosinusfunktion

$$A \cdot \cos(x + \varphi)$$

zwei Parameter, mit denen die Flexibilität von sin x bzw. cos x erhöht wird.

Mit der Phasenverschiebung $\varphi = \pi/2$, d.h. mit einer Drehbewegung um 90 Grad erhalten wir aus der Sinusfunktion eine Kosinusfunktion, d.h.

$$\sin(x + \pi/2) = \cos(x) .$$

Eine Funktion besitzt eine *gerade Symmetrie*, wenn

$$f(-x) = f(x).$$

Eine Funktion besitzt eine *ungerade Symmetrie*, wenn

$$f(-x) = -f(x).$$

Die Kosinusfunktion besitzt eine gerade Symmetrie für $-\pi \leq x \leq \pi$, d.h.

$$\cos(-x) = \cos(x).$$

Die Kosinusfunktion läßt sich also an der Ordinate spiegeln (Achsensymmetrie). Die Sinusfunktion besitzt eine ungerade Symmetrie für $-\pi \leq x \leq \pi$, d.h.

$$\sin(-x) = -\sin(x).$$

Die Sinusfunktion ist damit drehsymmetrisch um den Ursprung.

4.1.6. Komplexe Zahlen

In der *algebraischen Schreibweise* einer komplexen Zahl x

(4.20) $x = \alpha + i\beta$

bezeichnen α den Realteil und β den Imaginärteil der komplexen Zahl. Dabei ist i die imaginäre Einheit, die über

$$i^2 = -1$$

definiert wird.

Komplexe Zahlen lassen sich geometrisch darstellen in der komplexen Ebene, wobei auf der Abszisse der Realteil und auf der Ordinate der Imaginärteil der komplexen Zahl x abgetragen werden.

Ändert man in (4.20) das Vorzeichen des Imaginärteils, so erhält man mit

(4.21) $x^* = \alpha - i\beta$

die *Konjugierte* der komplexen Zahl x. Die Konjugierte ergibt sich aus der komplexen Zahl x durch Spiegelung an der Abszisse, da beide den gleichen Realteil aufweisen.

Eine komplexe Zahl x läßt sich auch aufgrund ihrer Polarkoordinaten auffinden. Hierzu benötigt man den *Betrag* r der komplexen Zahl x, für den gilt

(4.22) $r = |x| = (x \cdot x^*)^{1/2} = [(\alpha + i\beta) \cdot (\alpha - i\beta)]^{1/2}$

$\qquad\qquad = (\alpha^2 - i\alpha\beta + i\alpha\beta + \beta^2)^{1/2}$

$\qquad\qquad = (\alpha^2 + \beta^2)^{1/2}.$

Der Betrag einer komplexen Zahl x ist also die Quadratwurzel aus der Summe der Koordinatenquadrate und gibt in einem pythagoräischen Dreieck als Hypothenuse den Abstand des Punktes P ($\alpha|\ \beta$) vom Ursprung der komplexen Ebene an, wobei die Koordinaten des Punktes die Katheten dieses rechtwinkligen Dreiecks darstellen. Der Betrag r ist damit der Radius eines Kreises um den Ursprung der komplexen Ebene, auf dem der Punkt P liegt. Um unter allen Punkten auf diesem Kreis unseren Punkt P zu finden, benötigen wir noch den Winkel φ dieses Dreiecks, der von der Verbindungslinie von P mit dem Ursprung mit der Abszisse gebildet wird. Da für den Tangens dieses Winkels gilt

$$\tan \varphi = \beta / \alpha,$$

läßt sich φ bestimmen durch die inverse Funktion des Tangens, die man auch als Arkustangens bezeichnet:

(4.23) $\qquad \varphi = \text{Arc tg} (\beta / \alpha).$

Eine dritte Möglichkeit zum Auffinden des Punktes P in der komplexen Ebene besteht mit der trigonometrischen Schreibweise

(4.24) $\qquad x = r \cdot (\cos \varphi + i \sin \varphi).$

Die Konjugierte erhält man durch

(4.25) $\qquad x^* = r \cdot (\cos \varphi - i \sin \varphi).$

Die Übereinstimmung mit der algebraischen Schreibweise erkennt man durch

$$\cos \varphi = \alpha/r,$$

da der Kosinus in diesem Dreieck das Verhältnis von Ankathete α zu Hypothenuse r mißt und

$$\sin \varphi = \beta/r,$$

weil der Sinus das Verhältnis von Gegenkathete β zu Hypothenuse r mißt.

4.1.7. Die Eulersche Formel für komplexe Zahlen

Ersetzen wir in der Gleichung für e^x (vgl. Abschnitt 4.1.4.2) den Exponenten durch i x, so erhalten wir folgende Potenzreihenentwicklung

(4.26) $$e^{ix} = 1 + \frac{ix}{1!} + \frac{(ix)^2}{2!} + \frac{(ix)^3}{3!} + \frac{(ix)^4}{4!} + \ldots .$$

Für die Sinusfunktion f(x) = sin x ergeben sich folgende Ableitungen

$$f^{(1)}(x) = \cos x$$
$$f^{(2)}(x) = -\sin x$$
$$f^{(3)}(x) = -\cos x$$
$$f^{(4)}(x) = \sin x$$

usw. Man erkennt, dass wegen $f^{(0)}(x) = f(x) = \sin x$ im Abstand von 4 Ableitungen die gleiche Funktion resultiert. Nutzt man die Mac Laurinsche Reihe zur Potenzreihenentwicklung der Sinusfunktion, so erkennt man, daß an der Stelle x = 0 die Ableitungen folgende Faktoren ergeben: $f^{(0)}(0) = 0$, $f^{(1)}(0) = 1$, $f^{(2)}(0) = 0$, $f^{(3)}(0) = -1$, $f^{(4)}(0) = 0$ usw.

Einsetzen in die Mac Laurinsche Reihe (4.15) ergibt dann, weil jeder zweite Summand aufgrund dieser Faktoren entfällt, die Potenzreihenentwicklung der Sinusfunktion

(4.27) $$\sin x = \frac{x}{1!} - \frac{x^3}{3!} + \frac{x^5}{5!} - \frac{x^7}{7!} + - \ldots .$$

Entsprechend erhalten wir für die Kosinusfunktion die Ableitungen

$$f^{(0)}(x) = \cos x$$
$$f^{(1)}(x) = -\sin x$$
$$f^{(2)}(x) = -\cos x$$
$$f^{(3)}(x) = \sin x$$

usw. woraus sich für die Mac Laurinsche Reihe folgende Faktoren ergeben: $f^{(0)}(0) = 1$, $f^{(1)}(0) = 0$, $f^{(2)}(0) = -1$, $f^{(3)}(0) = 0$, $f^{(4)}(0) = 1$ usw. Damit verbleiben für die Potenzreihenentwicklung der Kosinusfunktion

(4.28) $$\cos x = 1 - \frac{x^2}{2!} + \frac{x^4}{4!} - \frac{x^6}{6!} + - \ldots .$$

Durch Vergleich von Gleichung (4.26) mit den Gleichungen (4.27) und (4.28) gewinnen wir

(4.29) $e^{ix} = \cos x + i \sin x.$

Gleichung (4.29) wird als Eulersche Formel für komplexe Zahlen bezeichnet.

Für die Konjugierte der Zahl x ergibt sich

(4.30) $e^{-ix} = \cos x - i \sin x.$

Vergleichen wir Gleichung (4.29) mit Gleichung (4.24), so bietet sich als vierte Schreibweise für komplexe Zahlen noch

(4.31) $x = r \cdot e^{i\varphi},$

als Exponentialschreibweise an.

Für die Konjugierte lautet die Exponentialschreibweise

(4.32) $x^* = r \cdot e^{-i\varphi}.$

Das Arbeiten mit komplexen Zahlen ist unabdingbar in der mathematischen Wirtschaftstheorie. Auch in der modernen Zeitreihenanalyse beruhen viele Betrachtungen auf der Kenntnis komplexer Zahlen (vgl. hierzu Leiner [1998]).

4.1.8. Ökonomische Anwendungen

4.1.8.1. Nachfragefunktion

Eine Funktion, die den Preis p als Funktion der nachgefragten Menge x darstellt, bezeichnet man als *Nachfragefunktion*.

Eine *lineare Nachfragefunktion*

(4.33) $p = b + m \cdot x$

läßt sich durch die numerische Spezifikation ihrer beiden Lageparameter b und m charakterisieren. b steht hierbei für den Ordinatenabschnitt und m für die Steigung. Da mit zunehmenden Preis p zu erwarten ist, dass die nachfragte Menge x abnimmt, haben Nachfragefunktionen eine negative Steigung, d.h. der Wert von m wird für Nachfragefunktionen negativ sein.

Lineare Funktionen lassen sich zugleich durch die Angabe von zwei Punkten charakterisieren. In ein Koordinatensystem mit den Preisen p als Ordinate und den Mengen x als Abszisse lassen sich derartige Punkte P(x | p) der Nachfragefunktion eintragen.

Beispiel 1: Die *lineare Nachfragefunktion*

$$p = 10 - x/2$$

hat die Steigung m = dp/dx = − ½ in jedem Punkt ihres Verlaufs.

Beispiel 2: Die *nichtlineare Nachfragefunktion*

$$p = 1/x,$$

eine rechtwinklige Hyperbel, hat die Steigung m = dp/dx = − $1/x^2$.

Im Punkt P(2 | 1/2) nimmt daher die Steigung den Wert − 1/4 an.

Im Punkt P(1|1) nimmt die nichtlineare Nachfragefunktion die Steigung −1 an.

Im Punkt P (1/2 | 2) hat die Steigung den Wert − 4.

4.1.8.2. Angebotsfunktion

Eine Funktion, die den Preis p als Funktion der angebotenen Menge x darstellt, bezeichnet man als *Angebotsfunktion*.

Eine *homogen-lineare Angebotsfunktion*

(4.34) $p = m \cdot x$,

die durch den Ursprung verläuft, läßt sich durch die Angabe ihrer Steigung m charakterisieren. Da mit zunehmenden Preis p zu erwarten ist, dass die angebotene Menge x zunimmt, haben Angebotsfunktionen eine positive Steigung, d.h. der Wert von m wird für Angebotsfunktionen positiv sein.

Beispiel 3:   Die lineare Angebotsfunktion

$$p = 3x$$

hat in jedem ihrer Punkte die Steigung $m = dp/dx = 3$.

Werden Angebots- und Nachfragefunktionen in das durch x und p gebildete Achsensystem eingetragen, spricht man vom Marshall-Kreuz (zu Ehren des englischen Nationalökonomen Alfred Marshall).

Beispiel 4:   *Die nichtlineare Angebotsfunktion*

$$p = \tfrac{1}{4} x^2$$

hat die Steigung $m = dp/dx = x/2$.

Im Punkt P(1| 1/4) nimmt die Steigung den Wert 1/2 an.

Im Punkt P(2|1) hat sie die Steigung 1.

Im Punkt P(4|4) liegt die Steigung bei 2.

4.1.8.3. Kostenfunktionen

Die *Gesamtkosten* K eines Unternehmens sind eine Funktion der von dem Unternehmen produzierten Mengen x eines Gutes. Sie werden im allgemeinen um so höher ausfallen, je größer die produzierten Mengendes Gutes sind.

In einer *linearen Gesamtkostenfunktion*

(4.35) $K = F + v \cdot x$

bezeichnet F die *fixen Kosten*, die auch anfallen, wenn das Unternehmen nichts produziert. v steht für die *variablen Kosten*, d.h. den Kostenbetrag, der pro hergestelltem Stück zusätzlich zu den Fixkosten anfällt.

Eine *nichtlineare Gesamkostenfunktion* kann etwa den Verlauf einer Potenzfunktion annehmen:

$$K = a + b \cdot x + c \cdot x^2 .$$

Die *Durchschnittskosten* (Stückkosten) k ergeben sich, wenn man die Gesamtkosten K durch die produzierte Menge x dividiert:

(4.36) $k = K / x$.

Die *Grenzkosten* K' gewinnt man, indem man die Gesamtkosten K nach den produzierten Mengen x differenziert. Die Grenzkosten geben an, wie sich die Gesamtkosten ändern, wenn die produzierte Menge um eine Einheit erhöht wird.

Beispiel 5:   Wir betrachten die lineare Gesamtkostenfunktion

$K = 1.000 + 10 \cdot x$,

die die Gesamtkosten in Euro für die produzierten Mengen x angibt.

Als Durchschnittskosten erhalten wir

$K = 1.000/x + 10$,

die die Stückkosten in Euro angeben.

Als Grenzkosten errechnen wir dann, wegen

$K' = dK/dx = 10$,

10 Euro bei einer Produktionserhöhung um eine Einheit, d.h. es liegt ein konstanter Grenzkostenverlauf vor.

Einen Überblick für die Produktionskosten im Beispiel 5 vermittelt die folgende Tabelle.

Tabelle 4.1: Lineare Gesamtkostenfunktion

Menge x	0	1	10	100	1.000	10.000
Gesamtkosten K	1.000	1.010	1.100	2.000	11.000	101.000
Stückkosten k	–	1.010	110	20	11	10,10
Grenzkosten K'	10	10	10	10	10	10

Beispiel 6: Wir betrachten die nichtlineare Gesamtkostenfunktion

$$K = 1.000 + 5 \cdot x + x^2/10,$$

die die Gesamtkosten in Euro für die produzierten Mengen x angibt.

Als Durchschnittskosten erhalten wir

$$k = 1.000/x + 5 + x/10,$$

die die Stückkosten in Euro angeben.

Als Grenzkosten errechnen wir

$$K' = dK/dx = 5 + x/5,$$

d.h. wir müssen mit zunehmenden Grenzkosten rechnen.
Einen Überblick für die Produktionskosten im Beispiel 5 vermittelt die folgende Tabelle.

Tabelle 4.2: Nichtlineare Gesamtkostenfunktion

Menge x	0	1	10	100	1.000	10.000
Gesamtkosten K	1.000	1.005,10	1.060	2.500	106.000	10.051.000
Stückkosten k	–	1.005,10	106	25	106	1.005,10
Grenzkosten K'	5	5,20	7	25	205	2.005

Wir bemerken, dass für die Stückzahl x = 100 die Grenzkosten gleich den Stückkosten sind.

4.2. Differentiation von Funktionen mehrerer Variablen

4.2.1. Bivariater Fall

Wir betrachten eine Funktion

(4.37) $z = f(x, y),$

die von den Variablen x und y abhängt. x und y bilden einen zweidimensionalen Raum, über dem die Funktion z im dreidimensionalen Raum definiert ist. Zunächst betrachten wir die Stetigkeit dieser bivariaten Funktion.

Definition: Die Funktion f(x, y) ist *stetig* an den Stellen x_s und y_s, wenn

1. x_s und y_s aus ihrem Definitionsbereich stammen,
2. der Grenzwert

$$G = \lim_{\substack{x \to x_s \\ \wedge y \to y_s}} f(x, y)$$

existiert und

3. $G = f(x_s, y_s)$.

Als nächstes betrachten wir wieder die Differenzierbarkeit.

Definition: Die Funktion z = f(x, y) ist nach x *differenzierbar*, wenn der Grenzwert

$$\lim_{\Delta x \to 0} \frac{\Delta z}{\Delta x} = \lim_{\Delta x \to 0} \frac{f(x + \Delta x, y) - f(x, y)}{\Delta x} = \frac{\partial f(x, y)}{\partial x}$$

existiert.

Man nennt $\partial f(x, y) / \partial x$ die *partielle Ableitung* (1. Ordnung) der Funktion *nach x*. Dabei wird y konstant gehalten.

Definition: Die Funktion z = f(x, y) ist nach y *differenzierbar*, wenn der Grenzwert

$$\lim_{\Delta y \to 0} \frac{\Delta z}{\Delta y} = \lim_{\Delta y \to 0} \frac{f(x, y + \Delta y) - f(x, y)}{\Delta y} = \frac{\partial f(x, y)}{\partial y}$$

existiert.

Man nennt $\partial f(x, y) / \partial y$ die *partielle Ableitung* (1. Ordnung) der Funktion *nach y*. Dabei wird x konstant gehalten.

Beispiel 1: $f(x, y) = 3xy^2 + 4x^2 y$.

Als partielle Ableitung nach x erhalten wir

$\partial f(x, y) / \partial x = 3y^2 + 8xy$.

Als partielle Ableitung nach y erhalten wir

$\partial f(x, y) / \partial x = 6xy + 4x^2$.

4.2.2. Multivariater Fall

Im multivariaten Fall ist eine Variable y eine Funktion von n Variablen $x_1, x_2, \ldots, x_n$, d. h.

(4.38) $\quad y = f(x_1, x_2, \ldots, x_n)$.

Wie im bivariaten Fall werden bei den partiellen Ableitungen der Funktion (4.38) nach x_i

(4.39) $\quad \dfrac{\partial f(x_1, x_2, \ldots, x_n)}{\partial x_i} \quad ; \quad i = 1, \ldots, n$

alle anderen Variablen als Konstante betrachtet.

Beispiel 1: $\quad f(x_1, x_2, \ldots, x_n) = 1 \cdot x_1 + 2 \cdot x_2 + \ldots + n \cdot x_n$

hat die partiellen Ableitungen

$\partial f(x_1, x_2, \ldots, x_n) / \partial x_i = i \quad$ für $i = 1, \ldots, n$.

Zur multivariaten Ableitung von Zufallsvariablen vgl. Leiner: Grundlagen statistischer Methoden [1995], S. 78ff.

4.2.3. Totales Differential

Definition: Für das *totale Differential* einer bivariaten Funktion y = f(x, x) gilt

(4.40) $$dy = \frac{\partial f(x_1, x_2)}{\partial x_1} dx_1 + \frac{\partial f(x_1, x_2)}{\partial x_2} dx_2,$$

d. h. die partiellen Ableitungen werden mit den marginalen (infinitesimal kleinen) Veränderungen der jeweiligen Variablen multipliziert und die Summe dieser Produkte gebildet.

Beispiel 2: Die Cobb-Douglas-Produktionsfunktion

(4.41) $$y = \gamma \cdot A^\alpha \cdot K^\beta \quad ; \quad \alpha + \beta = 1, \ \alpha > 0, \beta > 0, \gamma > 0$$

mit der Notation

y = Output
A = Arbeitseinsatz
K = Kapitaleinsatz

und den Parametern α, β, und γ besitzt für $\gamma = 1$ constant returns to scale.

Als partielle Ableitung von Gleichung (4.28) nach A erhalten wir

$$\frac{\partial y}{\partial A} = \gamma \cdot K^\beta \cdot \alpha \cdot A^{\alpha - 1} = \alpha \cdot y / A,$$

woraus folgt, dass der Parameter

$$\alpha = \frac{\partial y / \partial A}{y / A}$$

die Elastizität des Arbeitseinsatzes darstellt.

Entsprechend liefert die partielle Ableitung von (4.28) nach K

$$\frac{\partial y}{\partial K} = \gamma \cdot A^{\alpha} \cdot \beta \cdot K^{\beta-1} = \beta \cdot y/K,$$

woraus folgt, dass der Parameter

$$\beta = \frac{\partial y / \partial K}{y / K}$$

die Elastizität des Kapitaleinsatzes darstellt.

Das totale Differential liefert für die Cobb-Douglas-Produktionsfunktion das Ergebnis

$$\begin{aligned} dy &= \frac{\partial y}{\partial A} dA + \frac{\partial y}{\partial K} dK \\ &= \alpha \cdot \frac{y}{A} dA + \beta \cdot \frac{y}{K} dK \\ &= y \cdot (\alpha \cdot dA/A + \beta \cdot dK/K). \end{aligned}$$

Vgl. hierzu auch Huang und Schulz [2002], S. 103.

5. Kapitel: Finanzmathematik

In der Finanzmathematik werden die elementaren Konzepte der Folgen und Reihen besonders verwendet in der Zinseszinsrechnung, der Tilgungsrechnung, der Investitionsrechnung und der Rentabilitätsrechnung. Darüberhinaus finden sie Verwendung in der Wahrscheinlichkeitsrechnung.

5.1. Folgen und Reihen

Definition: *Folgen* mit den Folgenelementen a_1, a_2, ..., a_i, ... sind Funktionen, deren Definitionsbereich (Indexmenge) die Menge der natürlichen Zahlen und deren Wertebereich die Menge der reellen Zahlen sind.

5.1.1. Arithmetische Folgen und Reihen

Beispiel 1: Die natürlichen Zahlen 1, 2, 3, ... sind das bekannteste Beispiel einer arithmetischen Folge. Dieses ist eine unendliche geometrische Folge.

Beispiel 2: Die Zahlen der Fünferfolge 5, 10, 15 und 20 stellen eine endliche arithmetische Folge dar.

Als *charakteristische Eigenschaft* einer arithmetischen Folge läßt sich festhalten, dass die Differenz d aufeinanderfolgender Elemente der Folge konstant ist, d.h.

(5.1) $\qquad a_i - a_{i-1} = d \qquad$ für $i = 2, 3, \ldots$.

Im Beispiel 1 der natürlichen Zahlen ist $d = 1$, im Beispiel 2 der Fünferfolge ist $d = 5$.

Arithmetische Folgen lassen sich beschreiben durch die Angabe des Startelements a_1, der Differenz, die Anzahl n der Elemente der Folge und das Endelement a_n. Im Beispiel 2 sind $a_1 = 5$, $d = 5$, $n = 4$ und $a_n = 20$.

Satz 5.1: Die Summe S_n der natürlichen Zahlen 1, 2, 3, ..., n läßt sich angeben mit

(5.2) $\qquad S = \dfrac{n \cdot (n+1)}{2}$.

Diesen Satz nutzte schon der zwölfjährige Gauß, als sein Lehrer die Summe der Zahlen von 1 bis 100 addieren ließ und kam schnell zum Ergebnis 5050.

Beweis:

$$S_n = 1 + 2 + \ldots + (n-1) + n$$

$$S_n = n + (n-1) + \ldots + 2 + 1$$

$$2 S_n = (n+1) + (n+1) + \ldots + (n+1) + (n+1),$$

wie man durch Addition übereinander stehender Terme erkennt. Da $2 S_n$ sich aus n Summanden zusammensetzt, folgt aus $2 S_n = n \cdot (n+1)$ nach Division mit 2 die Summenformel (5.2).

Die Summe der Elemente einer arithmetischen Folge bezeichnet man als *arithmetische Reihe*.

Wir betrachten nun allgemein eine aus n Elementen bestehende endliche arithmetische Folge mit Startelement a_1, Differenz d und Endelement a_n. Der Wert des Endelements dieser arithmetischen Folge läßt sich ermitteln mit

(5.3) $\qquad a_n = a_1 + (n - 1) \cdot d$.

Umgekehrt läßt sich bei Kenntnis von Startelement, Endelement und Differenz die Anzahl der Elemente n bestimmen, indem man Gleichung (5.3) nach n auflöst:

(5.4) $\qquad n = \dfrac{a_n - a_1}{d} + 1$.

Beispiel 3: Zur Bestimmung der Anzahl der Folgenelemente der Folge mit Startelement $a_1 = 5$, Differenz d = 3 und Endelement 365 errechnet man mit Gleichung (5.4) n = 121 Elemente.

Allgemein erhält man für diese arithmetische Folge die Summenformel durch den folgenden Satz.

Satz 5.2: Für die arithmetische Folge $a_1, \ldots, a_n$ gilt

(5.5) $\qquad S_n = \dfrac{n \cdot (a_1 + a_n)}{2}$.

Beweis:

$$S_n = a_1 + (a_1 + d) + \ldots + (a_n - d) + a_n$$

$$S_n = a_n + (a_n - d) + \ldots + (a_1 + d) + a_1$$

$$2 S_n = (a_1 + a_n) + (a_1 + a_n) + \ldots + (a_1 + a_n) + (a_1 + a_n),$$

da bei der vertikalen Addition in der ersten Summe im Vergleich zum Vorgänger genau das hinzugefügt wird, was in der zweiten Summe im Vergleich zum Vorgänger subtrahiert wird. Wieder liegen n identische Summanden vor und die Division mit 2 liefert den Wert der Summenformel (5.5).

Dass Satz 5.2 die Verallgemeinerung von Satz 5.1 ist, erkennt durch Einsetzen von mit $a_1 = 1$ und $a_n = n$ in Gleichung (5.5).

Beispiel 4: Als Summe der reellen Zahlenfolge 1,2; 3,2; 5,2; 7,2 und 9,2 erhält man mit Gleichung (5.4) den Wert $S_5 = 5 \cdot (1,2 + 9,2)/2 = 26$.

Beispiel 5: Als Summe von 100, 96, 92, 88, 84, 80 und 76 erhält man mit Gleichung (5.4) den Wert $S_7 = 7 \cdot (100 + 76)/2 = 616$. Man beachte, dass hier die Differenz mit $d = -4$ negativ war. Auch erkennt man die Gültigkeit von Formel (5.3) zur Bestimmung des Endelements in diesem Fall.

5.1.2. Geometrische Folgen und Reihen

Die *charakteristische Eigenschaft* einer geometrischen Folge besteht darin, dass das Verhältnis q aufeinanderfolgender Elemente der Folge konstant ist, d.h.

(5.6) $\qquad a_i / a_{i-1} = q \qquad$ für $i = 2, 3, \ldots$.

Beispiel 6: Die Folge 1, 2, 4, 8, 16, 32, ... der Zweierpotenzen mit $a_i = 2^i$ für $i = 0, 1, 2, \ldots$ ist eine unendliche geometrische Folge mit Startelement 1 und Faktor $q = 2$.

Eine geometrische Folge läßt sich beschreiben durch die Angabe des Startelements, den Faktor q, die Anzahl n der Elemente der Folge und das Endelement.

Beispiel 7: Die Folge 9, 27, 81, 243 ist eine endliche geometrische Folge mit Startelement $a_1 = 9$, Faktor $q = 3$, $n = 4$ und Endelement $a_4 = 243$.

Das *Endelement* einer endlichen geometrischen Folge mit Startelement a_1, Faktor q und n Elementen läßt sich bestimmen mit

(5.7) $\qquad a_n = a_1 \cdot q^{n-1}$.

In Beispiel 7 erhält man so $a_4 = 9 \cdot 3^3 = 243$.

5.1.2.1. Unendliche geometrische Folgen

Satz 5.3: Die *Summe* der unendlichen geometrischen Folge $1, q, q^2, q^3, \ldots$ läßt sich bestimmen mit

(5.8) $\qquad S = 1 + q + q^2 + q^3 + \ldots = \dfrac{1}{1-q} \qquad$ für $|q| < 1$

Beweis: Man multipliziert beide Seiten von Gleichung (5.8) mit $1 - q$ und erhält daraus

$$1 - q + q - q^2 + q^2 - q^3 + q^3 - q^4 + - \ldots = 1 .$$

Man stellt fest, dass auf der linken Seite außer der Eins alle Terme einen Nachfolger mit entgegengesetztem Vorzeichen aufweisen und sich daher gegenseitig aufheben, wenn man berücksichtigt, daß

$\lim\limits_{n \to 0} q^n = 0$ für $|q| < 1$.

Mit $1 = 1$ ist damit die Gültigkeit der Gleichung bewiesen.

Beispiel 8: Die Folge $1, 1/2, 1/4, 1/8, 1/32, \ldots$ besitzt die Summe $1/(1 - \frac{1}{2}) = 2$.

Satz 5.4: Für die Summe der unendlichen geometrischen Folge $a, a \cdot q, a \cdot q^2, a \cdot q^3, \ldots$ gilt

(5.8) $\qquad S = a + a \cdot q + a \cdot q^2 + a \cdot q^3 + \ldots = \dfrac{a}{1-q} \qquad$ für $|q| < 1$

Beweis: Im Beweis zu Satz 5.3 multipliziert man beide Seiten mit a und erhält dann mit der gleichen Argumentation $a = a$, womit Satz 5.4 bewiesen ist.

Beispiel 9: Die Folge 5, 5/3, 5/9, 5/27, ... besitzt die Summe $S = 5/(1 - 1/3) = 15/2 = 7{,}5$.

5.1.2.2. Endliche geometrische Folgen

Satz 5.5: Für die Summe der endlichen geometrischen Folge $a, a\cdot q, \ldots, a\cdot q^{n-1}$ mit Startelement a, Faktor q und n Elementen gilt

(5.9) $\qquad S_n = a \cdot \dfrac{1 - q^n}{1 - q}$.

Beweis:
$$S_n = a + a\cdot q + a\cdot q^2 + a\cdot q^3 + \ldots + a\cdot q^{n-1}$$
$$q \cdot S_n = \phantom{a + {}} a\cdot q + a\cdot q^2 + a\cdot q^3 + \ldots + a\cdot q^{n-1} + a\cdot q^n$$
$$S_n - q \cdot S_n = a \phantom{+ a\cdot q + a\cdot q^2 + a\cdot q^3 + \ldots + a\cdot q^{n-1}} - a\cdot q^n$$

Aus dieser Differenz folgt, dass

$$(1 - q) \cdot S_n = a \cdot (1 - q^n) .$$

Division beider Seiten dieser Gleichung mit $(1 - q)$ liefert dann Gleichung (5.9).

Beispiel 10: Die Folge 1, 3, 9, 27, 81, 243 hat mit $a = 1$ nach Gleichung (5.9) die Summe $S_6 = (1 - 3^6) / (1 - 3) = (-728)/(-2) = 364$.

Für das Beispiel 7 erhalten wir mit $a = 9$, $q = 3$ und $n = 4$ nach Gleichung (5.9) als Summe $S_4 = 9 \cdot (1 - 3^4) / (1 - 3) = 9 \cdot (1 - 81) / (1 - 3) = 360$.

Das Arbeiten mit negativen Zahlen wie in diesen Beispielen läßt sich vermeiden, wenn man Gleichung (5.9) mit dem Faktor (-1) erweitert. Dadurch erhält man

(5.10) $\qquad S_n = a \cdot \dfrac{q^n - 1}{q - 1}$,

was sich zur Berechnung anbietet in den Fällen, in denen der Faktor q größer als Eins ist.

5.2. Zinseszinsrechnung

Sei K_0 ein *Startkapital*, das n Jahre lang mit dem Prozentsatz p, d.h. mit dem *Zinssatz* $i = p/100$ verzinst wird. Dann vermehrt sich das Kapital nach einem Jahr um die Zinsen $K \cdot i$ und beträgt dann

$$K_1 = K_0 + K_0 \cdot i = K_0 \cdot (1 + i) \,.$$

Am Ende des 2. Jahres ist das Kapital weiter angewachsen auf

$$K_2 = K_1 + K_1 \cdot i = K_1 \cdot (1 + i) = K_0 \cdot (1 + i)^2.$$

Löst man das Binom auf, so setzt sich K_2 zusammen aus dem Startkapital K_0, den Zinsen $2 K_0 \cdot i$ für 2 Jahre und den *Zinseszinsen* $K_0 \cdot i^2$, die sich ergeben, weil die Zinsen des 1. Jahres (also $K_0 \cdot i$) noch im 2. Jahr mit dem Zinssatz i verzinst werden.

Nach n Jahren ist das Kapital schließlich angewachsen auf den *Kapitalwert*

(5.11) $\qquad K_n = K_0 \cdot (1 + i)^n.$

Bezeichnet man mit $q = 1 + i$ den *Aufzins*, so gibt der *Aufzinsfaktor* $q^n = (1 + i)^n$ in Gleichung (5.11) an, um das Wievielfache der Kapitalwert nach n Jahren größer ist als das Startkapital.

Durch einfache algebraische Umformungen kann man Gleichung (5.11) nach den übrigen Größen auflösen. Die Auflösung nach dem Startkapital erbringt

(5.12) $\qquad K_0 = K_n / (1 + i)^n = K_n \cdot q^{-n} \,.$

Die Auflösung von Gleichung (5.11) nach dem Zinssatz ergibt

(5.13) $\qquad i = (K_n / K_0)^{1/n} - 1,$

d.h. von der n-ten Wurzel des Verhältnisses vom Kapitalwert nach n Jahren zum Startkapital ist noch Eins zu subtrahieren.

Schließlich läßt sich mittels Logarithmen Gleichung (5.11) nach der Anzahl n der Jahre auflösen mit

(5.14) $\qquad n = \log (K_n / K_0) / \log (1 + i) \,,$

d.h. n errechnet sich also als Logarithmus des Verhältnisses der Kapitalien durch den Logarithmus des Aufzinses.

Beispiel: Nach wieviel Jahren hat sich ein Kapital von 10.000 Euro bei einem Zinssatz von 10% verdoppelt? Entweder berechnet man mit q = 1,1 den Aufzinsfaktor $q^n = (1,1)^n$ für verschiedene Werte von n und stellt fest, dass mit $q^7 \approx 1,9487171$ der Faktor 2 nach 7 Jahren noch nicht überschritten wird und erst mit $q^8 \approx 2,14358881$ der Faktor 2 nach 8 ganzen Jahren überschritten wird oder man nutzt Gleichung (5.14) und erhält mit $K_n = 20.000$ für n den Wert

$$n = \log 2 / \log (1,1) \approx 7,272540926$$

und erkennt, dass nach etwas mehr als 7 Jahren und 3 Monaten die Verdopplung eintritt.

5.3. Stetige Verzinsung

In diesem Abschnitt wollen wir Verzinsungsperioden betrachten, die kürzer als ein Jahr sind. Wir beginnen mit einer halbjährlichen Verzinsung, d.h. mit einer Zinsperiode von einem halben Jahr.

5.3.1. Halbjährliche Verzinsung

Wird bei halbjährlicher Verzinsung mit einem Zinssatz von i/2 verzinst, so ergibt sich aus einem Startkapital K_0

$K_{1/2} = K_0 \cdot (1 + i/2)$ nach einem Halbjahr,

$K_1 = K_0 \cdot (1 + i/2)^2$ nach einem Jahr (2 Zinsperioden) und

$K_n = K_0 \cdot (1 + i/2)^{2n}$ nach n Jahren (2n Zinsperioden).

5.3.2. Vierteljährliche Verzinsung

Wird bei vierteljährlicher Verzinsung mit einem Zinssatz von i/4 verzinst, so ergibt sich aus einem Startkapital K_0

$K_{1/4} = K_0 \cdot (1 + i/4)$ nach einem Vierteljahr,

$K_1 = K_0 \cdot (1 + i/4)^4$ nach einem Jahr (4 Zinsperioden) und

$K_n = K_0 \cdot (1 + i/4)^{4n}$ nach n Jahren (4n Zinsperioden).

5.3.3. Monatliche Verzinsung

Wird bei monatlicher Verzinsung mit einem Zinssatz von i/12 verzinst, so ergibt sich aus einem Startkapital K_0

$K_{1/12} = K_0 \cdot (1 + i/12)$ nach einem Monat,

$K_1 = K_0 \cdot (1 + i/12)^{12}$ nach einem Jahr (12 Zinsperioden) und

$K_n = K_0 \cdot (1 + i/12)^{12n}$ nach n Jahren (12n Zinsperioden).

5.3.4. Übergang zur stetigen Verzinsung

Wird das Jahr allgemein unterteilt in m Zinsperioden und wird in einer Zinsperiode mit i/m verzinst, so ergibt sich aus einem Startkapital K_0

$K_{1/m} = K_0 \cdot (1 + i/m)$ nach einer Zinsperiode,

$K_1 = K_0 \cdot (1 + i/m)^m$ nach einem Jahr (m Zinsperioden) und

$K_n = K_0 \cdot (1 + i/m)^{mn}$ nach n Jahren (m·n Zinsperioden).

Für den Aufzinsfaktor kann man nach dem Exponentialgesetz auch schreiben

$[(1 + i/m)^m]^n$.

Lassen wir die Dauer der Zinsperioden immer kleiner und damit die Anzahl der Zinsperioden m in einem Jahr immer größer werden, so erhalten wir als Grenzübergang zu einer infinitesimal kleinen Verzinsungsperiode aus

$$\lim_{m \to \infty} (1 + i/m)^m = e^i ,$$

wobei e die Eulersche Konstante mit $e \approx 2{,}718281828$ darstellt. Damit ergibt sich bei dieser stetigen Verzinsung, d.h. unendlich kurzer Zinsperiode, nach einem Jahr aus dem Startkapital ein Kapital von

$$K_1 = K_0 \cdot e^i$$

und nach n Jahren ein Kapitalwert von

(5. 15) $\qquad K_n = K_0 \cdot e^{i \cdot n}$.

Beispiel: Für ein Startkapital von 10.000 Euro ergeben sich für i = 10% nach 8 Jahren die folgenden Kapitalwerte

Jährliche Verzinsung: 21.436 Euro
Halbjährliche Verzinsung: 21.829 Euro
Vierteljährliche Verzinsung: 22.038 Euro
Monatliche Verzinsung: 22.181 Euro
Stetige Verzinsung: 22.255 Euro.

Die Aufzinsfaktoren liegen also im Beispiel für n = 8 zwischen 2,1436 (jährliche Verzinsung) und 2,2255 (stetige Verzinsung).

Für die stetige Verzinsung nimmt der Aufzins e^i naturgemäß mit dem Zinssatz i zu, wie man mit den folgenden Berechnungen erkennt:

Zinssatz i	Aufzins
1%	1,0100502
2%	1,0202013
3%	1,0304545
4%	1,0408108
5%	1,0512711
6%	1,0618365
7%	1,0725082
8%	1,0832871
9%	1,0941743

Für einen Zinssatz von 10% wird schon mit $e^{0,1} \approx 1,105$ ein halber Prozentpunkt mehr in einem Jahr als Aufzins gefordert als bei jährlicher Verzinsung (q = 1,1). Bei einem Zinssatz von 14% wird mit $e \approx 1,15$ ein ganzer Prozentpunkt mehr in einem Jahr als Aufzins gefordert als bei jährlicher Verzinsung (q = 1,14). Diese Tendenz setzt sich im Aufzinsfaktor für eine Betrachtung über mehrere Jahre noch deutlicher fort.

Mit der stetigen Verzinsung ist somit eine Obergrenze abgesteckt im Vergleich zur halbjährlichen Verzinsung bis hin zur täglichen Verzinsung für Kapitalien in besonderen Risikosituationen. So gesehen bedeutet es für einen Kaufhauskunden bzw. Autokäufer schon eine bedeutende Mehrbelastung, wenn er als Zinsperiode einen Monat anstelle des beim Sparbuch gewohnten Jahres als Zinsperiode in seinem Vertrag wiederfindet und erkennen muß, daß 1% Monatszins mehr als 12% Jahreszins bedeutet. Auch Zwischenfinanzierungen bis zur Zuteilung von Bausparverträgen arbeiten mit vierteljährlicher Verzinsung.

5.4. Rentenrechnung

In der Rentenrechnung beschäftigt man sich mit der Berechnung und Verzinsung von Zahlungen konstanter Beträge in aufeinanderfolgenden Zeitperioden. So können etwa mit einem Sparvertrag jährliche Einzahlungen in bestimmter Höhe auf ein Sparkonto vereinbart werden.

5.4.1. Nachschüssige Zahlung

Unter nachschüssiger Zahlung versteht man die Vereinbarung, dass die im Laufe einer Periode (z.B. eines Jahres) eintreffenden Beträge erst als zum Jahresende existent gutgeschrieben werden. Bewertungszeitpunkt ist also das Ende einer Zinsperiode.

Sei R der Betrag der Rentenzahlung, die in gleicher Höhe z.B. in jedem Jahr erfolgt, so errechnet sich mit dem Zinssatz i und $q = 1 + i$ das angesammelte Kapital als

$K_1 = R$ nach einem Jahr,

$K_2 = R + K_1 + K_1 \cdot i = R + K_1 \cdot q = R + R \cdot q$ nach 2 Jahren,

$K_3 = R + K_2 \cdot q = R + R \cdot q + R \cdot q^2$ nach 3 Jahren,

$K_n = R + K_{n-1} \cdot q = R + R \cdot q + ... + R \cdot q^{n-1}$ nach n Jahren.

Dies ist eine endliche geometrische Reihe mit Startelement R, Faktor q und n Elementen, so dass wir mit Gleichung (5.10) als Summe erhalten

(5.16) $$K_n = R \cdot \frac{q^n - 1}{q - 1} \; .$$

Beispiel: Welches Kapital sammelt sich nach 5 Jahren bei jährlicher Zahlung von 1.000 Euro und 10% Verzinsung bei nachschüssiger Zahlung?

Mit $(1,1)^5 \approx 1,61051$ erhalten wir

$K_5 \approx 1.000 \cdot 0,61051 / 0,1 = 6.105,1$ Euro.

5.4.2. Vorschüssige Zahlung

Bei vorschüssiger Zahlung erfolgt die Zahlung zum Beginn einer Verzinsungsperiode, die Verzinsung beginnt damit schon in der ersten Zinsperiode.

Sei R der Betrag der Rentenzahlung, die in gleicher Höhe z.B. in jedem Jahr erfolgt, so errechnet sich mit dem Zinssatz i und q = 1 + i das angesammelte Kapital als

$K_1 = R + R \cdot i = R \cdot q$ nach einem Jahr,

$K_2 = R \cdot q + K_1 + K_1 \cdot i = R \cdot q + K_1 \cdot q = R \cdot q + R \cdot q^2$ nach 2 Jahren,

$K_3 = R \cdot q + K_2 \cdot q = R \cdot q + R \cdot q^2 + R \cdot q^3$ nach 3 Jahren,

$K_n = R \cdot q + K_{n-1} \cdot q = R \cdot q + R \cdot q^2 + ... + R \cdot q^n$ nach n Jahren.

Dies ist eine endliche geometrische Reihe mit Startelement $R \cdot q$, Faktor q und n Elementen, so dass wir mit Gleichung (5.10) als Summe erhalten

$$(5.17) \quad K_n = R \cdot q \cdot \frac{q^n - 1}{q - 1}.$$

Beispiel: Welches Kapital sammelt sich nach 5 Jahren bei jährlicher Zahlung von 1.000 Euro und 10% Verzinsung bei vorschüssiger Zahlung?

Mit $(1,1)^5 \approx 1,61051$ erhalten wir

$K_5 \approx 1.100 \cdot 0,61051/0,1 = 6.715,61$ Euro.

Wir erkennen, dass die vorschüssige Zahlung das q-fache des Resultats der nachschüssigen Zahlung liefert, da alle Zahlungen eine Periode länger verzinst werden.

5.5. Tilgungsrechnung

5.5.1. Konstante Tilgung

Ein Darlehen K, das jährlich mit dem Zinssatz i verzinst wird, wird am Jahresende durch konstante Tilgungsraten T reduziert. Mit n = Anzahl der Tilgungsraten ergibt sich dann K = n · T. Wir erhalten folgende Entwicklung:

Tabelle 5.1: Modell der konstanten Tilgung

Jahr	Restschuld am Jahresende	Zinsen des laufenden Jahres	Tilgung des lfd. Jahres
1. Jahr	K − T	K · i	T
2. Jahr	K − 2 · T	(K − T) · i	T
3. Jahr	K − 3 · T	(K − 2 · T) · i	T
.	.	.	.
.	.	.	.
.	.	.	.
n-tes Jahr	K − n · T = 0	[K − (n − 1) · T] · i	T

Beispiel: Für K = 1.000 Euro, T = 2.500 Euro, n = 4 und i = 10% gilt:

Jahr	Restschuld am Jahresende	Zinsen des lfd. Jahres	Tilgung des lfd. Jahres	Jährliche Belastung
1. Jahr	7.500	1.000	2.500	3.500
2. Jahr	5.000	750	2.500	3.250
3. Jahr	2.500	500	2.500	3.000
4. Jahr	0	250	2.500	2.750

Wir sehen, daß die *jährliche Belastung*, die sich aus der Summe der jährlichen Zins- und Tilgungszahlen errechnet, in diesem Modell von Jahr zu Jahr abnimmt. Die jährliche Belastung ist damit am Anfang am größten. In der Praxis empfinden Darlehensnehmer (Existenzgründer genauso wie Hauskäufer) dieses Modell als unangenehm. Während Existenzgründer im Jahr der Gründung noch mit hohen Startkosten (Innenausstattung von Büros und Läden, Werbeaktionen usw.) und zugleich mit niedrigen Einnahmeströmen rechnen müssen, kennt mancher Hauskäufer die Anfangsbelastung durch Grunderwerbsteuer, Agio der Banken, Kosten der Eintragung im Grundbuch von Kauf, Hypotheken usw. Es ist daher nicht verwunderlich, wenn das folgende Modell sich größerer Beliebtheit erfreut, indem darauf geachtet wird, dass eine konstante jährliche Gesamtbelastung durch Zins- und Tilgungszahlungen eingehalten wird.

5.5.2. Annuitätenmodelle

5.5.2.1. Fixierte Annuität

Zunächst wird in Abstimmung von Kreditgeber und Kreditnehmer die Höhe der jährlichen Gesamtbelastung festgelegt. Den hierfür gebräuchlichen Ausdruck *Annuität* verwendet man auch bei kürzeren Zinsperioden.

Für dieses Modell sind folgende Beziehungen zu beachten:

(5.18) $\quad Z_t = R_{t-1} \cdot i$

(5.19) $\quad T_t = A - Z_t$

(5.20) $\quad R_t = R_{t-1} - T_t$.

Dabei bedeuten

A = Annuität,
Z_t = Zinszahlung in Periode t,
R_t = Restschuld am Ende von Periode t,
T_t = Tilgung am Ende von Periode t.

Gleichung (5.18) besagt, dass die Zinsen eines Jahres in Bezug auf die Restschuld am Ende des Vorjahres berechnet werden. Im 1. Jahr entspricht die Restschuld noch der Gesamthöhe des Darlehens.

Gleichung (5.19) bedeutet, dass nur in Höhe des nach Zinszahlung verbleibenden Restbetrags aus der Annuität getilgt werden kann.

Gleichung (5.20) zeigt, dass die aktuelle Restschuld eines Jahres rekursiv aus der Restschuld des Vorjahres berechnet wird durch Abzug der Tilgungszahlung des aktuellen Jahres.

Beispiel: Für eine Zwischenfinanzierung von K = 100.000 Euro wird eine Annuität von 20.000 Euro festgelegt. Der Zinssatz i soll 10% betragen. Damit ergibt sich folgende Entwicklung:

Tabelle 5.2: Modell der fixierten Annuität

Jahr	Annuität	Zinsen	Tilgung	Restschuld
1. Jahr	20.000	10.000	10.000	90.000
2. Jahr	20.000	9.000	11.000	79.000
3. Jahr	20.000	7.900	12.100	66.900
4. Jahr	20.000	6.690	13.310	53.590
5. Jahr	20.000	5.359	14.641	38.949
6. Jahr	20.000	3.894,90	16.105,10	22.843,90
7. Jahr	20.000	2.284,39	17.715,61	5.128,29
8. Jahr	5.641,12	512,83	5.128,29	0
Insgesamt	145.641,12	45.641,12	100.000	

Auffällig ist in dem Annuitätenmodell, dass der Tilgungsanteil mit fortschreitender Zeit größer wird, da mit sinkender Restschuld der zu zahlende Zinsanteil niedriger wird.

5.5.2.2. Fixierte Laufzeit

In diesem Abschnitt verwenden wir Erkenntnisse aus unserer Betrachtung der nachschüssigen Zahlung (vgl. hierzu Abschnitt 5.4.1.) Dabei ist zu beachten, dass die Tilgung aus der Sicht des Kreditgebers eine Rentenzahlung ist und das Darlehen als der Wert eines Kapitals aufgefaßt werden kann.

Wird die Tilgungdauer n fixiert, so gilt bei nachschüssiger Zahlung für den Kapitalwert einer konstanten Rentenzahlung R nach n Jahren:

$$(5.16) \quad K_n = R \cdot \frac{q^n - 1}{q - 1}.$$

Auflösen nach R ergibt

$$(5.21) \quad R = K_n \cdot \frac{q - 1}{q^n - 1}.$$

Da die Berechnung der Annuität auf der Höhe des Darlehens in der Startphase beruht, muss noch der Zusammenhang mit K_0 hergestellt werden mittels

$$(5.22) \quad K_n = K_0 \cdot q^n$$

(vgl. hierzu Gleichung (5.11)). Mithin erhält man damit

(5.23) $$R = K_0 \cdot q^n \cdot \frac{q-1}{q^n - 1}.$$

Auch in diesem Modell können die Gleichungen (5.18), (5.19) und (5.20) des vorherigen Annuitätenmodells verwendet werden.

Beispiel: Ein Ratenkauf in Höhe von 5.000 Euro soll in 12 Monaten getilgt werden (1% Monatszins).

Mit Gleichung (5.23) erhalten wir für $q^{12} = (1,01) \approx 1,126825$ eine Annuität von

$R \approx 5.000$ Euro $\cdot 1,126825 \cdot 0,01 / 0,126825 = 444,24$ Euro.

In diesem Modell ergibt sich stets eine kleine Abweichung von der Restsumme Null infolge der Fehlerfortpflanzung des Rundungsfehlers bei der Bestimmung der Annuität.

Tabelle 5.3: Modell der fixierten Laufzeit

Monat	Monatsrate	Zinsen	Tilgung	Restschuld
1.	444,24	50,00	394,24	4.605,76
2.	444,24	46,06	398,18	4.207,58
3.	444,24	42,08	402,16	3.805,42
4.	444,24	38,05	406,19	3.399,23
5.	444,24	33,99	410,25	2.988,98
6.	444,24	29,89	414,35	2.574,63
7.	444,24	25,75	418,49	2.156,14
8.	444,24	21,56	422,68	1.733,46
9.	444,24	17,33	426,91	1.306,55
10.	444,24	13,07	431,17	875,38
11.	444,24	8,75	435,49	439,89
12.	444,29	4,40	439,89	0
Insgesamt	5.330,88	330,93	5.000	

Man beachte, dass der fortgesetzte Rundungsfehler von insgesamt 5 Cent die letzte Annuität etwas erhöht, um nicht als Restschuld zu verbleiben.

6. Kapitel: Kombinatorik

Mit der Kombinatorik lassen sich die Anzahlen der Möglichkeiten bestimmter Anordnungen bestimmen. Die Regeln der Kombinatorik sind daher von entscheidender Bedeutung für die Bestimmung von Wahrscheinlichkeiten.

6.1. Binomischer Koeffizient

Definition: Die binomischen Koeffizienten $\binom{n}{k}$ (Sprechweise: n über k) des Binoms $(a + b)^n$ erhält man mit

(6.1) $$\binom{n}{k} = \frac{n!}{k! \cdot (n-k)!},$$

wobei für n! (Sprechweise: n Fakultät) gilt, dass $n = 1 \cdot 2 \cdot \ldots \cdot n$ mit $0! = 1$.

n! läßt sich rekursiv berechnen aus $(n-1)! \cdot n$.

Beispiele: $2! = 2$, $3! = 6$, $4! = 24$, $5! = 120$ usw.

Da n! als Produkt die Faktoren von $(n-k)!$ enthält

(6.2) $$n! = (n-k)! \cdot (n-k+1) \cdot \ldots \cdot (n-1) \cdot n,$$

kann man in Gleichung (6.1) auch kürzen zu

(6.3) $$\binom{n}{k} = \frac{n \cdot (n-1) \cdot \ldots \cdot (n-k+1)}{k!}.$$

Eine weitere Möglichkeit zur Bestimmung der binomischen Koeffizienten bietet das Pascalsche Dreieck:

```
n=0                        1
n=1                     1     1
n=2                  1     2     1
n=3               1     3     3     1
n=4            1     4     6     4     1
.
.
.              1     .  .  .  .  .  .      1
```

Hierin lassen sich die binomischen Koeffizienten des Binoms $(a + b)^n$ ablesen, z.B. für n = 2 die Koeffizienten 1, 2 und 1, für n = 3 die Koeffizienten 1, 3, 3 und 1 usw.

Das Pascalsche Dreieck veranschaulicht die Symmetrie der binomischen Koeffizienten, die auf

(6.4) $\qquad \binom{n}{k} = \binom{n}{n-k} = \dfrac{n!}{(n-k)! \cdot k!}$

wegen der Kommutativität des Produkts beruht.

Die binomischen Koeffizienten am Rande einer Zeile sind Einser wegen $\binom{n}{0} = 1$ und $\binom{n}{n} = 1$.

Dazwischen werden die binomischen Koeffizienten einer Zeile gebildet durch Addition der beiden in der darüberstehenden Zeile stehenden binomischen Koeffizienten, d.h. es gilt

(6.5) $\qquad \binom{n}{k} + \binom{n}{k+1} = \binom{n+1}{k+1}$.

Allgemein können wir für das Binom $(a + b)^n$ mit Hilfe der binomischen Koeffizienten schreiben:

(6.6) $\qquad (a + b)^n = \binom{n}{0} \cdot a^n + \binom{n}{1} \cdot a^{n-1} b + \ldots + \binom{n}{n-1} \cdot a \cdot b^{n-1} + \binom{n}{n} \cdot b^n$.

Durch Umgruppieren und aufgrund der Symmetrie der binomischen Koeffizienten gewinnen wir daraus

(6.7) $\qquad (a + b)^n = \sum_{k=0}^{n} \binom{n}{k} \cdot a^k \cdot b^{n-k}$.

Für a = p und b = q läßt sich aus (6.6) die Wahrscheinlichkeitsverteilung der Binomialverteilung von Jakob Bernoulli herleiten. Vgl. hierzu Leiner, B.: Einführung in die Statistik [2000], S. 128ff.

6.2. Permutationen und Kombinationen

In Permutationen ist die Reihenfolge der Elemente einer Anordnung zu beachten, in Kombinationen ist nur die Menge der Elemente von Bedeutung.

Weiter ist zu berücksichtigen, ob Elemente prinzipiell nur einmal auftreten dürfen oder ob Wiederholungen dieser Elemente gestattet sind.

Durch die Verbindung dieser beiden Unterteilungen sind in praktischen Problemen die folgenden vier Fälle auseinanderzuhalten (vgl. auch Menges: Satistik 1 [1968], S. 116ff.)

1. *Permutationen mit Wiederholung* liegen vor, wenn aus n Elementen k-elementige Gruppen gebildet werden, in denen dieselben Elemente mehrfach auftreten dürfen. Unter einer Gruppe ist hier eine Zusammenfassung von Elementen zu verstehen, in der die Reihenfolge der Elemente von Bedeutung ist. Die Anzahl der Möglichkeiten errechnet sich mit

    (6.8) $\tilde{P}^n_k = n^k$.

Beispiel: Ein Zahlenschloß verwendet die Ziffern 0 bis 9. Wieviele Möglichkeiten gibt es, eine vierstellige Zahl zu bilden?

Wegen n = 10 und k = 4 errechnen wir mit Gleichung (6.8) genau 10.000 Möglichkeiten (von 0000 bis 9999).

2. *Permutationen ohne Wiederholung* liegen vor, wenn aus n Elementen k-elementige Gruppen gebildet werden, in denen jedes Element höchstens einmal auftreten darf, so dass k ≤ n. Ihre Anzahl erhält man mit

    (6.9) $P^n_k = n \cdot (n-1) \cdot \ldots \cdot (n-k+1)$

    $= \dfrac{n!}{(n-k)!}$,

    wobei $n! = 1 \cdot 2 \cdot \ldots \cdot n$. Ist n = k, so liefert diese Permutation mit (6.9) wegen 0! = 1 genau n! Möglichkeiten, in denen jeweils alle n Elemente als Gruppen vertreten sind.

Beispiel: Wieviele Zugzusammenstellungen lassen sich mit 3 Güterwagons bilden?

Mit Gleichung (6.9) erhalten wir 3! = 1 · 2 · 3 = 6 Möglichkeiten.

3. *Kombinationen ohne Wiederholung* liegen vor, wenn aus n Elementen k-elementige Mengen gebildet werden, d.h. wenn die Reihenfolge der Elemente nicht beachtet werden muß. Ihre Anzahl errechnet sich mit

(6.10) $\qquad C^n_k = \binom{n}{k} = \dfrac{n!}{k! \cdot (n-k)!}$,

wobei $k \leq n$.

Beispiel: 5 Personen stoßen paarweise mit Sekt an. Wie oft klingen die Gläser?

Mit Gleichung (6.10) erhält man $5!/(2! \cdot 3!)$, d.h. 10 mal klingen die Gläser. Mit den Personen A, B, C, D und E sind dies die Mengen AB, AC, AD, AE, BC, BD, BE, CD, CE und DE. Da die Reihenfolge der Elemente in einer Menge nicht von Bedeutung ist, entspricht z.B. AB genau BA usw.

4. *Kombinationen mit Wiederholung* liegen vor, wenn aus n Elementen k-elementige Mengen gebildet werden, d.h. wenn die Reihenfolge der Elemente nicht beachtet werden muß. Im Fall 4. sind jedoch im Gegensatz zu Fall 3. Wiederholungen möglich. Die Anzahl der Möglichkeiten gewinnt man mit

(6.11) $\qquad \tilde{C}^n_k = \binom{n+k-1}{k}$.

Beispiel: 5 Personen nehmen an einer Verlosung von 2 Preisen teil, wobei jeder von ihnen beide Preise zugleich gewinnen kann.

Wegen $n = 5$ und $k = 2$ erhält man $\binom{6}{2} = 15$ Möglichkeiten. Man überprüfe mit A, B, C, D, E, wobei jetzt noch AA, BB, CC, DD und EE als Möglichkeiten hinzuzuzählen sind.

Anhang

A1. Summationszeichen

Zur Summenbildung wird das *Summationszeichen* Σ verwendet. So bedeutet

(A1.1) $$\sum_{i=1}^{n} x_i = x_1 + \ldots + x_n,$$

dass die Summe der Elemente x_i ($i = 1, \ldots, n$) gebildet wird. Hierbei ist i ist der *Laufindex*. $i = 1$ ist die *Untergrenze der Summation*. Für die *Obergrenze der Summation* $i = n$ schreibt man lediglich n.

Werden alle Elemente einer Summe mit einer Konstanten c multipliziert, so kann man diese ausklammern, d.h. als konstanten Faktor vor die Summe ziehen:

(A1.2) $$\sum_{i=1}^{n} c \cdot x_i = c \cdot x_1 + \ldots + c \cdot x_n = c \cdot \sum_{i=1}^{n} x_i.$$

Wird eine Konstante c n-mal summiert, so bedeutet dies

(A1.3) $$\sum_{i=n}^{n} c = \underbrace{c + \ldots + c}_{n\text{-mal}} = n \cdot c.$$

Eine Konstante erkennt man daran, dass sie keinen Laufindex trägt.

Wird in einer Summe zu jedem Summanden eine Konstante c addiert, so folgt daraus, dass

(A1.4) $$\sum_{i=1}^{n} (x_i + c) = n \cdot c + \sum_{i=1}^{n} x_i.$$

Für zwei Summenvariablen x_i und y_i gilt für deren Summe

(A1.5) $$\sum_{i=1}^{n} (x_i + y_i) = \sum_{i=1}^{n} x_i + \sum_{i=1}^{n} y_i.$$

Für das Produkt zweier Summen gilt

(A1.6) $\quad (\sum_{i=1}^{n} x_i) \cdot (\sum_{j=1}^{m} y_j) = \sum_{i=1}^{n} \sum_{j=1}^{m} x_i \cdot y_j \quad ,$

denn jedes Element in der ersten Klammer ist mit jedem Element in der zweiten Klammer zu multiplizieren, sodass n · m Produkte mit der Doppelsumme aufzusummieren sind.

Zu unterscheiden ist die Summe von Quadraten

(A1.7) $\quad \sum_{i=1}^{n} x_i^2 = (x_1^2 + ... + x_n^2)$

vom Quadrat einer Summe

(A1.8) $\quad (\sum_{i=1}^{n} x_i)^2 = (\sum_{i=1}^{n} x_i) \cdot (\sum_{j=1}^{n} x_j)$

$$= \sum_{i=1}^{n} \sum_{j=1}^{n} x_i \cdot x_j$$

$$= \sum_{i=1}^{n} x_i^2 + \sum_{\substack{i=1 \\ i \neq j}}^{n} \sum_{j=1}^{n} x_i \cdot x_j \quad .$$

Wir haben in der vorletzten, aus n^2 Elementen bestehenden Doppelsumme die n Terme vorgezogen, für die mit i = j die Indizes übereinstimmen (wodurch sich wieder eine Summe von Quadraten ergibt), sodass in der letzten Doppelsumme nur doch die $n^2 - n$ Terme verbleiben, deren Indizes verschieden sind (i ≠ j).

A2. Bestimmtes Integral

Definition: Als *bestimmtes Integral* einer Funktion y = f(x) in den Grenzen a ≤ x ≤ b bezeichnet man

(A2.1) $$\int_a^b f(x)\,dx \ .$$

Mit dem bestimmten Integral kann man die Fläche berechnen, die in einem Achsensystem mit der Ordinate y und der Abszisse x eingeschlossen wird von der Abszisse, dem *Integrand* f(x), der linken Grenze x = a und der rechten Grenze x = b. Dabei bezeichnet man a als *Untergrenze*, b als *Obergrenze* des Integrals, x als *Integrationsvariable* und dx als *Integrationsdifferential*.

Besondere Verwendung finden bestimmte Integrale in der Statistik etwa zur Berechnung von Verteilungsfunktionen von stetigen Zufallsvariablen (Vgl. Leiner [2000], S. 99 ff.)

Beispiele

1. Beispiel:
Sei f(x) eine konstante Funktion mit f(x) = c. Dann erhalten wir für das bestimmte Integral mit Untergrenze a und Obergrenze b

(A2.2) $$\int_a^b c\,dx = [\,c \cdot x\,]_a^b = c \cdot b - c \cdot a = c \cdot (b - a) \ .$$

Die Integration der Konstanten c bezüglich der Integrationsvariablen x ergibt somit die *Stammfunktion* F(x) = c · x. Umgekehrt ergibt die Differentiation der Stammfunktion F(x) = c · x nach x wieder die konstante Funktion f(x) = c. Integration und Differentiation lassen sich als inverse Operationen auffassen.

In die durch Integration erhaltene Funktion führt man zunächst die Substitution x = b für die Obergrenze durch und subtrahiert davon anschließend das Ergebnis der Substitution x = a für die Untergrenze. In (A2.2) haben wir dann schließlich noch die gemeinsame multiplikative Konstante c ausgeklammert. Logisch läßt sich das Ergebnis in diesem Beispiel überprüfen mit der Formel für die Fläche des Rechtecks mit der Grundlinie (b − a) und der Höhe c.

2. Beispiel:
Sei f(x) eine <u>linear homogene Funktion</u> f(x) = c · x, also eine lineare Funktion, die durch den Ursprung verläuft. Wir erhalten für das bestimmte Integral mit der Untergrenze a und der Obergrenze b

$$(A2.3) \qquad \int_a^b c \cdot x \, dx = c \cdot \int_a^b x \, dx = c \cdot [x^2/2]_a^b$$

$$= c \cdot b^2/2 - c \cdot a^2/2 = \frac{c \cdot (b^2 - a^2)}{2}.$$

Zunächst ist zu bemerken, dass die Integration wie die Summation eine lineare Transformation ist, sodass multiplikative Konstante c auch vor das Integral gezogen werden können. x nach x integriert ergibt sodann $x^2/2$ (was der Leser umgekehrt durch Differentiation von $x^2/2$ nach x überprüfen kann).

Logisch läßt sich das Ergebnis überprüfen als Fläche eines Trapezes, das über der Grundlinie b − a als Höhe gebildet wird mit Untergrenze x = a bzw. Obergrenze x = b als Parallelen, deren Länge c · a bzw. c · b beträgt, sodass die Mittellinie des Trapezes die Länge (ca +cb)/2 besitzt. Bekanntlich erhält man die Fläche des Trapezes aus dem Produkt von Mittellinie und Höhe.

3. Beispiel:
Sei f(x) eine Parabel der Art f(x) = c · x^2. Dann erhalten wir für das bestimmte Integral mit der Untergrenze a und der Obergrenze b

$$(A2.4) \qquad \int_a^b c \cdot x^2 \, dx = c \cdot \left[\frac{x^3}{3}\right]_a^b = \frac{c \cdot (b^3 - a^3)}{3}.$$

Wir erkennen auch mit diesem Beispiel, dass allgemein zu einer *Potenzfunktion* $y = x^k$ sich die Stammfunktion $F(x) = x^{k+1}/(k+1)$ durch Integration ergibt, was der Leser wieder durch Differentiation dieser Stammfunktion nach x überprüfen kann.

Dieses Ergebnis der Integration einer Potenzfunktion halten wir fest mit

(A2.5) $$\int_a^b c \cdot x^k \, dx = c \cdot \left[\frac{x^{k+1}}{k+1}\right]_a^b = \frac{c \cdot (b^{k+1} - a^{k+1})}{k+1} .$$

Wir erkennen, dass wir aus Gleichung (A2.5) für k = 0 das 1. Beispiel, für k = 1 das 2. Beispiel und für k = 2 das 3. Beispiel erhalten.

Für die additive Verknüpfung von Funktionen gilt

(A2.6) $$\int_a^b (f(x) + g(x)) \, dx = \int f(x) \, dx + \int g(x) \, dx .$$

Zur Übung überzeuge sich der Leser von den mit Gleichung (A2.6) gebotenen Möglichkeiten etwa durch Integration der *linearen Funktion* $f(x) = \alpha + \beta \cdot x$ unter Verwendung der Ergebnisse der Beispiele. Man beachte dabei, dass die additive Verküpfung von Funktionen bei der Integration als Berechnung übereinander liegender Flächen interpretiert werden kann.

Dass man Flächen auch horizontal aneinanderfügen kann, zeigt die folgende Überlegung für die Grenzen a < b < c

(A2.7) $$\int_a^c f(x) \, dx = \int_a^b f(x) \, dx + \int_b^c f(x) \, dx .$$

Vgl. zur Integration weiterer Funktionen Bronstein-Semendjajew: Taschenbuch der Mathematik [1970].

A3. Mengenlehre

Die Mengenlehre ist von besonderer Bedeutung für die moderne Wahrscheinlichkeitsrechnung. Die folgenden Betrachtung sind in größerer Ausführlichkeit nachzulesen in Leiner: Einführung in die Statistik, 8. Aufl. [2000].

Definition: Objekte, die eine bestimmte gemeinsame Eigenschaft erfüllen, werden zusammengefaßt zu einer *Menge*.

Beispiele: Die Menge der Objekte in einer Schublade, die Menge der Uhren in einer Wohnung, die Menge der natürlichen Zahlen, die Menge der reellen Zahlen usw.

Definition: Ein Objekt A, das einer Menge M angehört, bezeichnet man als *Element* dieser Menge. Man schreibt dies als

$$A \in M \quad \text{(zu lesen als: A ist Element von M)}.$$

Beispiele: Die Socken in der Schublade S sind Elemente der Menge S. Die natürlichen Zahlen von 1 bis 6 sind Elemente der Menge W der Augenzahlen eines Würfels. Eine Standuhr ist Element der Menge der Uhren der Wohnung.

Bemerkung: Mengen lassen sich charakterisieren entweder durch Enumeration ihrer Elemente (z.B. die Menge $W = \{1, 2, 3, 4, 5, 6\}$ der Augenzahlen eines Würfels) oder vermittels der gemeinsamen Eigenschaften ihrer Elemente (z.B. die Wäschestücke in der Schublade sind Socken). Formal erkennt man eine Menge auch daran, dass diese Angaben in geschweiften Klammern gemacht werden.

Beispiel: $M = \{1, 2, 3\} = \{x \mid x \in W \land x \leq 3\}$ steht für die Menge der drei kleinsten Augenzahlen des Würfels (Hinter dem senkrechten Strich stehen die Bedingungen, wobei das Symbol $\land$ logisch „und" bedeutet).

Definition: Erfüllt kein Objekt die geforderte Eigenschaft einer Menge, enthält die Menge also kein Element, so bezeichnet man sie als leere Menge und verwendet hierfür das Symbol $\emptyset$.

Beispiele: Für die Menge S der Socken in der Schublade gilt $S = \emptyset$, wenn die Schublade keine Socken enthält.

Die Menge

$$M = \{x \mid x \in W \land x \text{ ist durch 7 teilbar}\} = \emptyset$$

ist eine leere Menge, weil gefordert wird, dass x eine Augenzahl des obigen Würfels ist, die durch 7 teilbar ist, d.h. dass diese Eigenschaft logisch nicht erfüllt werden kann.

Definition: Eine Menge M_T wird als *Teilmenge* einer Menge M bezeichnet, wenn alle Elemente der Teilmenge M_T zugleich Elemente der Menge M sind. Man schreibt hierfür: $M_T \subset M$.

Bemerkung: Jede Menge ist Teilmenge ihrer selbst, d.h. $M \subset M$.

Beispiel: Die Menge der Teiler der Zahl 24, $T_{24} = \{1, 2, 3, 4, 6, 8, 12, 24\}$ enthält die Menge der Teiler der Zahl 6, $T_6 = \{1, 2, 3, 6\}$ als Teilmenge: $T_6 \subset T_{24}$.

Definition: Zwei Mengen sind *identisch*, wenn sie die gleichen Elemente enthalten, d.h.

$$A = B, \text{ wenn } A \subset B \land B \subset A.$$

Es gibt vier Arten *mengentheoretischer Operationen*:

1. Die *mengentheoretische Vereinigung* $A \cup B$ zweier Mengen A und B ist die Menge, deren Elemente
   a. zugleich Elemente von A und B sind,
   b. nur Elemente von A sind oder
   c. nur Elemente von B sind.

Logisch bedeutet das

(A3.1) $A \cup B = \{x \mid x \in A \lor x \in B\}$,

wobei das Symbol $\lor$ für „oder" im einschließenden Sinne steht (und/oder).

Beispiel: A und B seien die folgenden Zahlenmengen: $A = \{1, 2, 3\}$, $B = \{3, 4, 5\}$. Dann gilt für ihre Vereinigungsmenge:
$A \cup B = \{1, 2, 3, 4, 5\}$.

Für Teilmengen gilt: Ist $A \subset B$, so folgt $A \cup B = B$.

Da die leere Menge $\emptyset$ Teilmenge einer jeden Menge ist, gilt $\emptyset \cup A = A$.

Da jede Menge Teilmenge ihrer selbst ist, gilt weiter $A \cup A = A$.

2. Der *mengentheoretische Durchschnitt* $A \cap B$ zweier Mengen ist die Menge, deren Elemente Elemente von A und B sind.

Logisch bedeutet das

(A3.2) $\qquad A \cap B = \{x \mid x \in A \wedge x \in B\}$,

wobei $\wedge$ als logisches „und" zu verstehen ist als „und zugleich".

Beispiel: Für die Mengen $A = \{1, 2, 3\}$ und $B = \{3, 4, 5\}$ bedeutet das, dass $A \cap B = \{3\}$.

Für Teilmengen gilt: Ist $A \subset B$, so folgt $A \cap B = A$.

Mit der leeren Menge gilt: $A \cap \emptyset = \emptyset$.

Für den mengentheoretischen Durschnitt einer Menge mit sich selbst gilt: $A \cap A = A$.

3. Das *mengentheoretische Komplement* $\overline{A}$ einer Menge A in einer Universalmenge U besteht aus den Elementen der Universalmenge, die nicht Elemente der Menge A sind.

Logisch bedeutet das

(A3.3) $\qquad \overline{A} = \{x \mid x \in U \wedge x \notin A\}$.

Beispiel: Sei W als Menge der Augenzahlen eines Würfels die Universalmenge U und $A = \{1, 2, 3\}$ stehe für die ersten drei Augenzahlen, dann enthält das mengentheoretische Komplement zu A die letzten drei Augenzahlen:

$$\overline{A} = \{4, 5, 6\}.$$

Nach De Morgan gilt

(A3.4) $$\overline{A \cup B} = \overline{A} \cap \overline{B},$$

d.h. das Komplement der mengentheoretischen Vereinigung der Mengen A und B ist gleich dem mengentheoretischen Durchschnitt ihrer Komplemente.

Weiter gilt nach De Morgan, dass

(A3.5) $$\overline{A \cap B} = \overline{A} \cup \overline{B},$$

d.h., dass das Komplement des mengentheoretischen Durchschnitts der Mengen A und B gleich der mengentheoretischen Vereinigung ihrer Komplemente ist.

Beispiel: Mit $A = \{1, 3, 5\}$ und $B = \{5, 6\}$ erhalten wir mit Gleichung (A3.4) jeweils die Menge $\{4\}$ und mit Gleichung (A3.5) je die Menge $\{1, 2, 3, 4, 6\}$ zur Veranschaulichung der beiden De Morganschen Gesetze.

4. Die *mengentheoretische Differenz* zweier Mengen A und B enthält die Elemente der Menge A, die nicht zugleich Elemente der Menge B sind.

Logisch bedeutet das

(A3.6) $$A - B = \{x \mid x \in A \land x \notin B\}.$$

Beispiel: Für $A = \{1, 2, 3\}$ und $B = \{3, 4, 6\}$ erhalten wir $A - B = \{1, 2\}$ und entsprechend für $B - A = \{4, 6\}$, erkennen also, dass auch die mengentheoretische Differenz nicht kommutativ ist. $B - A$ enthält die Teile von B, die nicht zugleich Teile von A sind.

Die mengentheoretische Differenzen lassen sich auch ausdrücken durch

$$A - B = A \cap \overline{B}$$

sowie

$$B - A = B \cap \overline{A}.$$

A4. Übungsaufgaben

Aufgabe 1: Bilden Sie je ein Beispiel für eine
a) quadratische, b) symmetrische, c) Dreiecks-, d) Diagonalmatrix.

Aufgabe 2: Berechnen Sie die Determinante der Matrix

$$A = \begin{bmatrix} 4 & 0 & 5 \\ 2 & 1 & 2 \\ 3 & -1 & 4 \end{bmatrix}.$$

Aufgabe 3: Berechnen Sie mit den Matrizen

$$A = \begin{bmatrix} 4 & 0 & 5 \\ 2 & 1 & 2 \\ 3 & -1 & 4 \end{bmatrix} \text{ und } B = \begin{bmatrix} 2 & 5 & 1 \\ 8 & 3 & -2 \\ 3 & 7 & 6 \end{bmatrix}$$

a) $A + B$, b) $A - B$, c) $B - A$.

Aufgabe 4: Was versteht man unter skalarer Multiplikation aX, wenn a ein Skalar und X eine Matrix der Ordnung m×n sind?

Aufgabe 5: Berechnen Sie das Vektorprodukt xy, wenn

$x = (5 \quad 4 \quad 3)$ und $y' = (-8 \quad 7 \quad -9)$.

Aufgabe 6: Berechnen Sie das Matrizenprodukt CD, wenn

$$C = \begin{bmatrix} 13 & 17 & -7 & 0 \\ -1 & 2 & 3 & 5 \\ 6 & -3 & 0 & 5 \end{bmatrix} \text{ und } D = \begin{bmatrix} 1 & 2 \\ 3 & 4 \\ 2 & 5 \\ -1 & 0 \end{bmatrix}.$$

Aufgabe 7: Transponieren Sie die Matrix

$$Z = \begin{bmatrix} 5 & 3 & 8 & -2 & 0 \\ -1 & 2 & 5 & -3 & 6 \\ -3 & 1 & 0 & 2 & 7 \end{bmatrix}.$$

Aufgabe 8: Berechnen Sie die Inversen der folgenden Matrizen:

$$G = \begin{bmatrix} 6 & 4 \\ 4 & 1 \end{bmatrix} \quad H = \begin{bmatrix} 5 & 4 \\ 5 & 8 \end{bmatrix} \quad K = \begin{bmatrix} 1 & 12 \\ 1/8 & 2 \end{bmatrix}.$$

Aufgabe 9: Bestimmen Sie die Lösung des Gleichungssystems

$3x + y = 5$
$5x - y = 2$.

Aufgabe 10: Ermitteln Sie den Rang der folgenden Matrix:

$$M = \begin{bmatrix} 2 & 1 & 1 \\ 3 & -3 & 1 \\ 5 & -2 & 2 \end{bmatrix}.$$

Aufgabe 11: Wie lautet das 13. Element der Folge 25, 32, 39, ...?

Aufgabe 12: Wie lautet das 7. Element der Folge 9, 18, 36, ...?

Aufgabe 13: Berechnen Sie die Summe der natürlichen Zahlen von 1 bis 50.

Aufgabe 14: Berechnen Sie die Summe der natürlichen Zahlen von 10 bis 50.

Aufgabe 15: Berechnen Sie die Summe der Folge

1, 2/3, 4/9, ...

Aufgabe 16: Berechnen Sie die Summe der Folge

2, 3/2, 9/8, ..., 81/128.

Aufgabe 17: Berechnen Sie für eine jetzt angelegte Summe von 10.000 Euro den Kapitalwert nach 4 Jahren bei einem Zinssatz von 5%.

Aufgabe 18: Berechnen Sie den derzeitigen Wert (Barwert) eines Kapitals, das nach 5 Jahren bei einem Zinssatz von 4% mit Zinseszinsen auf 50.000 Euro angewachsen ist.

Aufgabe 19: Berechnen Sie den Kapitalwert einer Rentenzahlung von jährlich 1.000 Euro mit einer Verzinsung von 3% nach 5 Jahren bei nachschüssiger Zahlung

Aufgabe 20: Berechnen Sie den Kapitalwert einer Rentenzahlung von jährlich 2.000 Euro mit einer Verzinsung von 5% nach 3 Jahren bei vorschüssiger Zahlung.

Aufgabe 21: Ein Bankkunde überweist aufgrund eines Sparvertrags jährlich 400 Euro auf ein Konto mit nachschüssiger Zahlung. Nach wieviel Jahren kann er über 3.000 Euro verfügen, wenn der Zinssatz 4% beträgt?

Aufgabe 22: Ein Kreditnehmer muß 2.000 Euro in 4 Annuitäten zu einem Zinssatz von 9% zurückzahlen bei nachschüssiger Zahlung. Berechnen Sie die Höhe einer Annuität.

Aufgabe 23: Wie lautet die 1. Ableitung der Funktion

$$f(x) = 12 - 3x + 4x^2 - 5x^3 \text{ ?}$$

Aufgabe 24: Es seien $u(x) = 5x^2$ und $v(x) = 2x^3$. Bestimmen Sie die 1. Ableitung von $y = u(x) \cdot v(x)$ nach der Produktregel.

Aufgabe 25: Es seien $u(x) = 12x^3$ und $v(x) = 3x^2$. Bestimmen Sie die 1. Ableitung von $y = u(x)/v(x)$ nach der Quotientenregel.

Aufgabe 26: Ermitteln Sie die 1. Ableitung der Funktion

$$f(x) = (2x + 3x^2)^3 \text{ .}$$

Aufgabe 27: Bestimmen Sie die 1. Ableitung der Funktion

$$f(x) = e^{2+3x} \text{ .}$$

Aufgabe 28: Wie lautet die 1. Ableitung der Funktion

$$y = \frac{21x^2 - 79x - 52}{7x - 4} \text{ ?}$$

Aufgabe 29: Aus 5 Personen soll eine dreiköpfige Kommission mit Vorsitzendem, 1. und 2. Stellvertreter gebildet werden. Wieviele Möglichkeiten gibt es?

Aufgabe 30: 6 numerierte Kugeln sollen in 6 Kästchen geworfen werden, so dass in jedem Kästchen nur eine Kugel zu liegen kommt. Wieviele Möglichkeiten gibt es?

A5. Lösung der Übungsaufgaben

Aufgabe 1: a) $\begin{bmatrix} 1 & 2 \\ 3 & 3 \end{bmatrix}$ b) $\begin{bmatrix} 1 & 3 \\ 3 & 2 \end{bmatrix}$ c) $\begin{bmatrix} 1 & 2 \\ 0 & 3 \end{bmatrix}$ d) $\begin{bmatrix} 1 & 0 \\ 0 & 2 \end{bmatrix}$

Aufgabe 2: det A = – 1.

Aufgabe 3: a) $A + B = \begin{bmatrix} 6 & 5 & 6 \\ 10 & 4 & 0 \\ 6 & 6 & 10 \end{bmatrix}$ b) $A - B = \begin{bmatrix} 2 & -5 & 4 \\ -6 & 2 & 4 \\ 0 & -8 & -2 \end{bmatrix}$ c) B–A= – (A–B).

Aufgabe 4:
$$aX = a \cdot \begin{bmatrix} x_{11} & \ldots & x_{1n} \\ \cdot & & \cdot \\ \cdot & & \cdot \\ \cdot & & \cdot \\ x_{m1} & \ldots & x_{mn} \end{bmatrix} = \begin{bmatrix} ax_{11} & \ldots & ax_{1n} \\ \cdot & & \cdot \\ \cdot & & \cdot \\ \cdot & & \cdot \\ ax_{m1} & \ldots & ax_{mn} \end{bmatrix}$$

Aufgabe 5: xy = –39.

Aufgabe 6:
$$CD = \begin{bmatrix} 50 & 59 \\ 6 & 21 \\ -8 & 0 \end{bmatrix}$$

Aufgabe 7:
$$Z' = \begin{bmatrix} 5 & -1 & -3 \\ 3 & 2 & 1 \\ 8 & 5 & 0 \\ -2 & -3 & 2 \\ 0 & 6 & 7 \end{bmatrix}$$

Aufgabe 8: $G^{-1} = -\dfrac{1}{10}\begin{bmatrix} 1 & -4 \\ -4 & 6 \end{bmatrix}$ $H^{-1} = 1/20\begin{bmatrix} 8 & -4 \\ -5 & 5 \end{bmatrix}$ $K^{-1} = 2 \cdot \begin{bmatrix} 2 & -12 \\ -1/8 & 1 \end{bmatrix}$

Aufgabe 9: x = 7/8. y = 19/8.

Aufgabe 10: Die Ordnung der Matrix M ist 3. Sie hat nicht den vollen Rang. Streicht man je eine Zeile und eine Spalte, so erhält man eine

Untermatrix von der Ordnung 2 mit vollem Rang. Die Matrix M hat damit den Rang 2, besitzt also 2 linear unabhängige Zeilen (bzw. Spalten).

Aufgabe 11: $a_{13} = 109$.

Aufgabe 12: $a_7 = 576$.

Aufgabe 13: $S_{50} = 1.275$.

Aufgabe 14: $S = 1.230$.

Aufgabe 15: $S = 3$.

Aufgabe 16: $S = 781/128$.

Aufgabe 17: $K_4 = 12.155,06$.

Aufgabe 18: $K_0 = 41.096,36$.

Aufgabe 19: $K_5 = 5.309,13$.

Aufgabe 20: $K_3 = 6.620,25$.

Aufgabe 21: $n = \log(K_n \cdot i /R + 1) / \log q = \log(1,3)/\log(1,04) \approx 6,6894$ d.h. nach 7 Jahren kann er über mehr als 3.000 Euro verfügen.

Aufgabe 22: Mit $1,09^9 \approx 1,41158161$ errechnet sich

$$R = 2.000 \cdot 1,41158161 \cdot 0,09 / 0,41158161 = 617,34.$$

Aufgabe 23: $f'(x) = -3 + 8x - 15 x^2$.

Aufgabe 24: $y' = 50 x^4$.

Aufgabe 25: $y' = 4$.

Aufgabe 26: $f'(x) = 3 \cdot (2x + 3x^2)^2 \cdot (2 + 6x)$.

Aufgabe 27: $f'(x) = 3 \cdot e^{2 + 3x}$

Aufgabe 28: $y' = 3$.

Aufgabe 29: 5 · 4 · 3 = 60 Möglichkeiten.

Aufgabe 30: 6! = 720 Möglichkeiten.

Literaturverzeichnis

Aitken, A. C. : Determinanten und Matrizen. Mannheim-Wien Zürich 1969.

Bronstein, I. N. u. K. A. Semendjajew: Taschenbuch der Mathematik. Zürich-Frankfurt 1970.

Dantzig, G. B.: Lineare Programmierung und Erweiterungen. Berlin-Heidelberg-New York 1966.

Hauptmann, H.: Mathematik für Betriebs- und Volkswirte. München-Wien 1983.

Huang, D. u. W. Schulz: Einführung in die Mathematik für Wirtschaftswissenschaftler. 9. Aufl., München-Wien 2002.

Jaeger, A. u. G. Wäscher: Mathematische Propädeutik für Wirtschaftswissenschaftler. München-Wien 1987.

Karmann, A. u. T. Köhler: Mathematik für Wirtschaftswissenschaftler. München-Wien 1994.

Leiner, B.: Einführung in die Statistik. 8. Aufl., München-Wien 2000.

Leiner, B.: Grundlagen statistischer Methoden. München-Wien 1995.

Leiner, B.: Grundlagen der Zeitreihenanalyse. 4. Aufl., München-Wien 1998.

Marinell, G.: Mathematik für Sozial- und Wirtschaftswissenschaftler. München-Wien 1979.

Martensen, E.: Analysis I. Mannheim-Wien-Zürich 1969.

Menges, G.: Statistik 1. Köln-Opladen 1968.

Oberhofer, W.: Lineare Algebra für Wirtschaftswissenschaftler. München-Wien 1978.

Sachverzeichnis

Ableitungsregeln 60ff
Adjunktenmatrix 23
Amplitude 71
Annuität 96
Arkustangens 73
Äußeres Produkt 17

Aufzins 89
- faktor 89
Ausräumen 33

Basislösung 50
Binomischer Koeffizient 99

Cobb-Douglas-
- Produktionsfunktion 82
Cramersche Regel 35

Definitionsbereich 57
Determinante 21
- Eigenschaften 27
- reguläre 43
- singuläre 43
Differential
- quotient 59
- rechnung 57ff
Differentiation 59ff, 79ff
Differenzenquotient 59
Dyadisches Produkt 17

Eckpunkte 47f
Elastizität 82f
Elementare Zeilenoperation 31
Elimination 31ff
Engpaß 51
Eulersche Formel
- für komplexe Zahlen 74
Exponentialfunktion 63, 65

Falksches Schema 17
Finanzmathematik 84
Folgen 84
- arithmetische 84
- geometrische 86
- endliche 88
- unendliche 87
Funktion 57
- bivariate 82
- differenzierbare 59
- eindeutige 57
- eineindeutige 57
- inverse 57
- linear homogene 106
- periodische 70
- stetige 58

Gaußsche Elimination 31ff
Grenzwert
- einer Funktion 57

Hauptdiagonale 5
Heuristische Lösung 46

Integral
- bestimmtes 105ff
Integration 105ff
Inverse 25

Kapital 82, 89
Kettenregel 61
Kofaktor 23
Kombinationen 100ff
Kombinatorik 99
Komplexe Zahlen 72
- Betrag 72
- Imaginärteil 72
-Realteil 72
-Schreibweisen 72ff

Kosinusfunktion 64, 70, 74
Kosten
 Durchschnitts- 66, 78f
 Gesamt- 77ff
 Grenz- 66, 78ff

Laplace 22
 Satz von - 22
L'Hospitalsche Regel 64
Linearkombination 38
Lineare Abhängigkeit 39
Lineare Optimierung 44ff
Lineares Gleichungssystem 28ff
Lineare Unabhängigkeit 40
Lösbarkeit 43
- Kriterien 38

Mac Laurinsche Reihe 68ff
Matrix 3
 Arten – 4
 Einheits- 6, 41
 Null- 7
 Ordnung 4
 Rang 42
Matrizenoperationen 12ff
Maximierungsproblem 44ff
Maximum 65
Menge 108
Mengenlehre 108ff
Mengentheoretische Operationen 109ff
Minimierungsproblem 55
Minimum 65

Nachschüssige Zahlung 93
Nebenbedingungen 44, 55
Nichtnegativitätsbedingungen 45, 55

Ordnung einer Matrix 4

Partielle Ableitung 80f
Pascalsches Dreieick 99f
Periode 70
Permutationen 100ff
Phasenverschiebung 71

Pivot
 -element 52
 -spalte 51
 -zeile 52
Polygonzug 47
Potenzfunktion 61
Produktionsbeispiel 45
Produktregel 62

Quotientenregel 62

Rang 42
Reihen
 arithmetische - 84
 geometrische -86
Rentenrechnung 93

Sarrussche Regel 10
Simplex 56
 -algorithmus 49ff
Sinusfunktion 63, 70, 74
Skalar 7
 -matrix 7
Spaltenvektor 3, 7
Stetigkeit 58
Summationszeichen 103f
Summenregel 62
Symmetrie 71ff

Tangens 73
Taylor-Reihe 68f
Tilgungsrechnung 95
Totales Differential 82
Transponieren 6

Umkehrfunktion 63

Vektor 2ff, 12ff
Verzinsung 90ff
Vorschüssige Zahlung 94

Wendepunkt 67

Zielfunktion 44, 55